U0156847

浪花朵朵

法布尔老师的

昆虫教室

② 有趣的昆虫实验

[日]奥本大三郎 文 [日]山下浩平 绘 程俐 译

四川美术出版社

照片·标本提供　奥本大三郎

原版设计·标本照片　山下浩平（mountain mountain）

德国

巴黎 ⊙

法 国

瑞士

意大利

圣莱昂 ○

西班牙

地中海

科西嘉岛

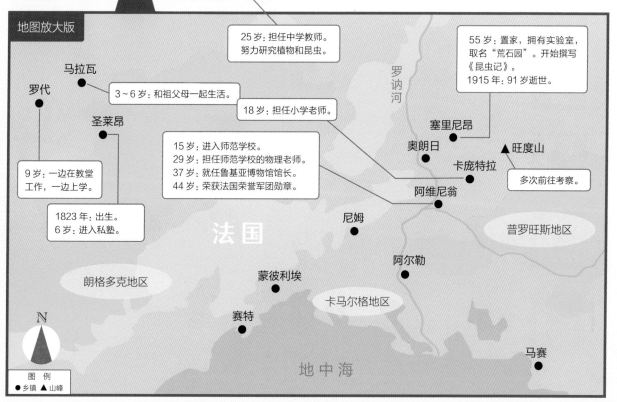

地图放大版

25 岁：担任中学教师。努力研究植物和昆虫。

55 岁：置家，拥有实验室，取名"荒石园"。开始撰写《昆虫记》。
1915 年：91 岁逝世。

罗讷河

马拉瓦

罗代

3～6 岁：和祖父母一起生活。

18 岁：担任小学老师。

圣莱昂

15 岁：进入师范学校。
29 岁：担任师范学校的物理老师。
37 岁：就任鲁基亚博物馆馆长。
44 岁：荣获法国荣誉军团勋章。

塞里尼昂

奥朗日

▲旺度山

卡庞特拉

多次前往考察。

9 岁：一边在教堂工作，一边上学。

阿维尼翁

1823 年：出生。
6 岁：进入私塾。

法 国

尼姆

普罗旺斯地区

朗格多克地区

蒙彼利埃

阿尔勒

赛特

卡马尔格地区

N

马赛

图 例
● 乡镇 ▲ 山峰

地中海

3

* 本书地图系日文原版书地图。

目录

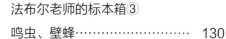

螳螂① **彻头彻尾的肉食性昆虫**

大家读过《彼得·潘》的故事吗？故事里有一个名叫"胡克船长"的海盗，他残缺的手臂上装着一只铁钩，这只铁钩在打斗时十分有利。

螳螂就与这"胡克船长"十分相似，它有两个镰刀状的前肢，天生就非常适合战斗。

螳螂和蝗虫、螽斯的外形有些相似，比较它们之间的异同很有意思。比如，我们可以把螳螂、日本薮（sǒu）螽和日本纺织娘放在一起进行比较。

先来看一下它们的前肢。日本纺织娘的前肢几乎没有刺，那么日本薮螽和螳螂的前肢又是什么情况呢？

其实，日本纺织娘是草食性昆虫，主要以草为食；而日本薮螽既吃草又吃小虫子，是杂食性昆虫。

通常来说，越是偏肉食性的昆虫，前肢上的刺就越明显，因为它们是靠前肢来捕捉猎物的。当偏肉食性的昆虫紧紧夹住猎物时，这些刺起了不小的作用。

而螳螂的前肢最终长成了折叠式的镰刀臂，所以它真是彻头彻尾的肉食性昆虫呀。

在昆虫的世界里有一种名叫"螳蛉"的昆虫，它长着螳螂一样的前肢，却和螳螂是不同种类的昆虫。

除此以外，还有一种名叫"螳水蝇"的蝇类，也用前肢捕捉猎物。另外水中还生活着螳蝎蝽，它和蝽相似，都靠吸食猎物的体液为生。

为了捕捉猎物，动物的身体形状会发生变化。一些不同种类的动物由于捕猎方式相近，最终演变出了相似的外形。

仔细观察一下螳螂的面部，你会发现螳螂的头是三角形的，眼睛朝向正前方。这种结构便于螳螂看清猎物，精确测算出自己与猎物之间的距离，肉食性昆虫都具备这一特征。而像草食性的昆虫——蝗虫，眼睛就长在头部的两侧。

此外，肉食性昆虫都有尖锐的口器，这是为了方便啃咬猎物。

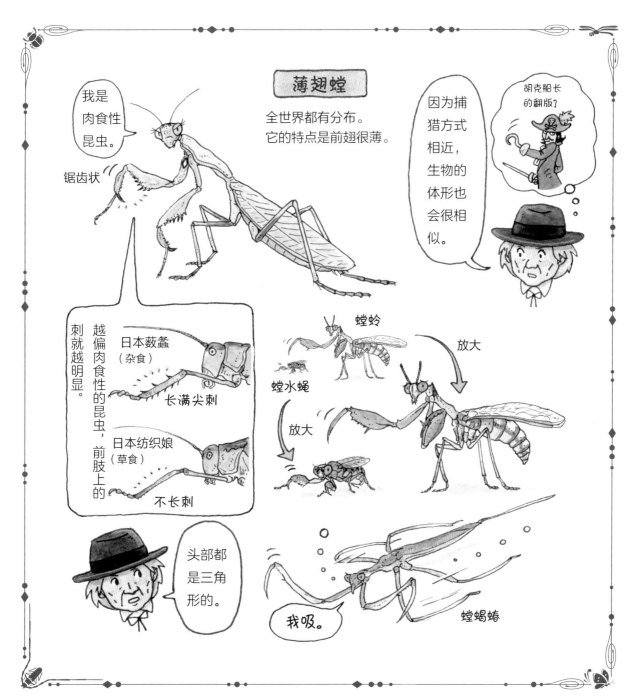

薄翅螳

全世界都有分布。
它的特点是前翅很薄。

我是肉食性昆虫。

锯齿状

越偏肉食性的昆虫，前肢上的刺就越明显。

日本薮螽
（杂食）
长满尖刺

日本纺织娘
（草食）
不长刺

因为捕猎方式相近，生物的体形也会很相似。

胡克船长的翻版？

螳蛉

放大

螳水蝇

放大

头部都是三角形的。

我吸。

螳蝎蝽

螳螂

螳螂② 虔诚祈祷的昆虫

在我居住的法国，人们都用"mante"来称呼螳螂。"mante"这个词来源于希腊语，意为"虔诚祈祷的昆虫"。

螳螂将两只镰刀臂并向高举、一动不动的样子，难道不像一位虔诚的祈祷者吗？

不过，只要有粗心大意的蝗虫无意间靠近螳螂，便会被螳螂敏锐的目光锁定。

螳螂的脖子可以进行 180 度的转动，与肉食性的猫头鹰一样，可以把脸整个儿转到背后。

螳螂一动不动，是为了迷惑猎物，让对方放松警惕。

一旦那些糊涂蛋进入螳螂的攻击范围，螳螂便会以迅雷不及掩耳之势出击。

就像一流拳击手挥出的刺拳一样，速度快到眼睛根本来不及反应。等你回过神来的时候，猎物早就被螳螂强而有力的镰刀臂夹住，动弹不得了。

让我用放大镜来仔细观察一下螳螂的镰刀臂。在前面已经提过，螳螂的镰刀臂是折叠式的，上面还长着很多像锯齿或尖刺一样的锋利凸起。

普通蝗虫或蟊斯步行时会用到腿部前端（跗节），螳螂行走时，有时也会用到这个部位，它就长在镰刀臂的前部。

我之前说过，螳螂的视力很好。如果你饲养过螳螂，就会知道它的眼睛颜色在白天和夜晚是不同的。

饲养螳螂，最好给它喂活的食饵。不过，如果你用镊子夹一小块肉，在它眼前晃来晃去，它也会突然出手，可能螳螂把它当作了活物。

肉食性昆虫特别容易口渴，所以不要忘记给它喂水。

那么如果给它喂全脂牛奶，它会有什么反应呢？——它会喝得津津有味。

但如果把全脂牛奶换成低脂的，螳螂就会很嫌弃地吐掉，真够挑剔的。

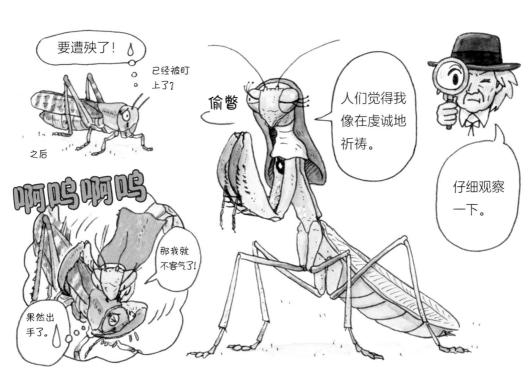

要遭殃了！

已经被盯上了？

之后

偷瞥

人们觉得我像在虔诚地祈祷。

仔细观察一下。

啊呜啊呜

那我就不客气了！

果然出手了。

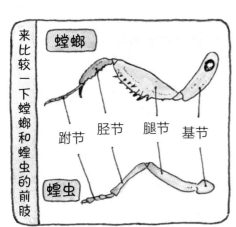

来比较一下螳螂和蝗虫的前肢

螳螂

跗节　胫节　腿节　基节

蝗虫

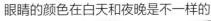

眼睛的颜色在白天和夜晚是不一样的

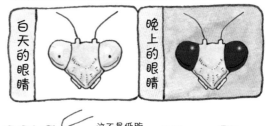

白天的眼睛

晚上的眼睛

呸呸！

这不是低脂牛奶吗？

牛奶

你还真挑剔啊……

螳螂

螳螂③ **威慑对手**

我很想了解螳螂的生活习性。不过，成天跑去野外，寸步不离地观察螳螂也是件苦差。

这种情况下，可以从野外抓些螳螂回来，把它们养在家中观察。

首先，我在一个浅底的广口花盆里盛了些土，种上了几株百里香。

百里香是一种香草，气味芬芳，我们在做菜的时候会用到它。我所居住的法国南部普罗旺斯地区，气候干燥，生长着很多类似的香草。一到傍晚气温降下来后，原野附近就会萦绕一股浓郁的香草味。

家中的螳螂们都停在百里香上，一动不动地等待猎物的到来。

但如果就这么养着，螳螂或许会在我没看见的时候跑去别处。于是，我想在花盆上罩个金属网，以防它们逃走。

没想到，在我去做防护准备的时候，一个没看住，家中的猫就要对螳螂下手了。

"别胡闹！"我原想训斥家猫，可脑子里突然闪过"等一下，看看螳螂遇到强敌时会怎么应付"的想法，于是我决定袖手旁观。

螳螂生性好强，它先是对着家猫张开双翅，进行威吓，尽可能让自己看起来强壮。

开始，家猫会用猫爪饶有兴趣地轻轻逗弄螳螂。不过没多久，家猫就一爪将它拍倒在地，大口啃咬起来。再厉害的螳螂也终究不是家猫的对手啊。

那么，该给那几只没被家猫吃掉的螳螂喂点什么呢？

正好我得到了一些大蝗虫，就喂给它们吃了。蝗虫们全然不知眼前的对手有多么危险，只是呆呆地一动不动。

一瞬间，螳螂迅速伸长镰刀臂，抓住蝗虫，从脖颈处啃咬起来。大蝗虫立刻力气全无，无法动弹，最终进到了螳螂的肚子里。看来脖颈就是蝗虫的要害之处。

螳螂④　雌螳螂和雄螳螂谁更厉害?

大家觉得在昆虫的世界里，是雌性的个头大，还是雄性的个头大呢?

独角仙和锹甲绝对是雄性的个头大，也更威武，不过蝴蝶和蝗虫就是雌性更大了。

雄螳螂的身体只有雌螳螂的一半大。但雄螳螂的翅膀更为发达，身体呈流线型，行动迅速，飞行技术高超。

相反，雌螳螂的个头较大，腹部圆鼓鼓的，喜欢停在植物上一动不动地静候猎物。它的腹部肥大是为了能够大量产卵。

雌螳螂会把所有动的虫子都当成猎物，用镰刀臂快速将其逮住，然后大口啃食。就算是一不小心靠近它的雄螳螂，也会成为雌螳螂的美食。

当然，在力量方面雄螳螂也不是雌螳螂的对手，所以雄螳螂与雌螳螂交尾是要冒生命危险的。

雄螳螂一边观察雌螳螂的动静，一边小心翼翼地从身后靠近雌螳螂，并快速地一跃而上。

有时在交尾过程中，雄螳螂稍不留神，头部就会被突然转过头来的雌螳螂咬住，然后很快被吃掉。

所以，偶尔能看到无头的雄螳螂在和雌螳螂交尾。螳螂不仅头部有神经节，身体的其他部位也有神经节，所以就算没有了头，也能够继续交尾。

还真有这样的事情发生呢。我曾经抓了两只薄翅螳，一雄一雌，因为当时只有一个喂养容器，所以我在容器中间隔了一块板，将它们分开来喂养。

结果第二天早上，雌螳螂竟然跑到了雄螳螂那边。再仔细一看，雄螳螂只剩下翅膀和一部分大腿了。这不就是被雌螳螂啃咬后散落一地的残肢吗?

正是因为隔板上方留了一道很窄的缝隙，雌螳螂才能够钻到对面去。在如此狭窄的空间里，雄螳螂无法展翅高飞，无处可逃，陷入了绝境。真是可怕的一幕啊。

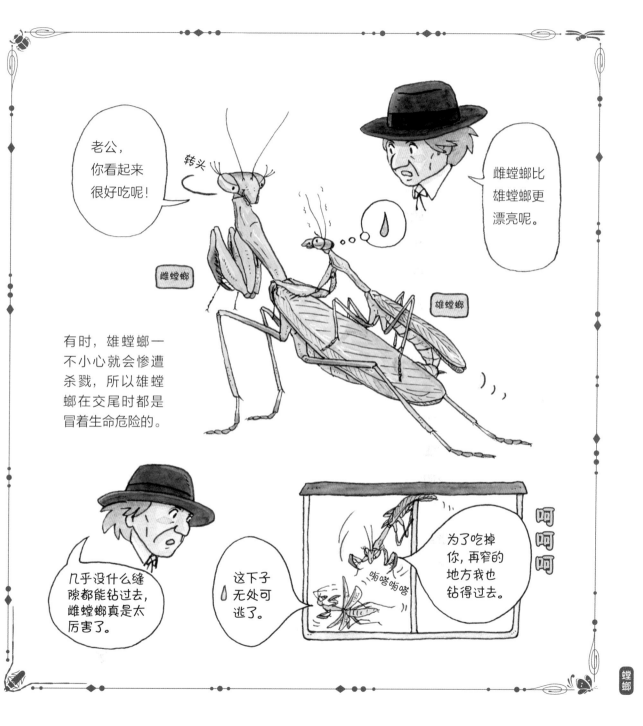

螳螂⑤ 护卵良方

夏末秋初，正是螳螂的产卵季节。

有时，我会给又大又强悍的雌螳螂喂些蝗虫。有一天，我发现饲养笼的顶部粘着一些褐色的物质，看着很像结块的海绵。这就是螳螂的卵囊。准确地说，应该是装有卵的"螵蛸（piāo xiāo）"。

一个螵蛸里含有数百个黄色的螳螂卵。我尝试用小刀把螵蛸切开，好仔细看个明白。

包裹在外侧的这层干巴巴的褐色物质，就是螵蛸，是由雌螳螂尾部排出来的卵泡变硬形成的。

如果雌螳螂将小小的卵一粒粒分散开来产在树上，顷刻间就会被其他的昆虫或鸟类抢食一空。

昆虫会用各自的方法来保护虫卵。如蝗虫会在土中挖洞产卵；而螳螂是用卵泡包裹虫卵，等卵泡变干形成保护壳来保护虫卵。

卵泡不仅可以保护虫卵，还能起到保温的作用。

物理学家朗福德做过一个著名的绝热实验。

他将鸡蛋打匀起泡后，在蛋液泡沫中加入冰冷的芝士块，然后放到烤箱中去烤。结果，虽然烤出了热乎乎的烘蛋，但烘蛋里的芝士块却依然冰冷。

你知道为什么会这样吗？因为蛋液泡沫中含有大量的空气，而这些空气可以隔绝热气的传导。

家里的墙体隔热保温材料也是这个原理，通过空气层阻断外部的热、冷空气。

螳螂卵就这样度过寒冷的冬天，然后在温暖的季节里孵化。

就算在冬天，只要把螳螂卵搬到开着制暖空调的房间里，再放进书桌抽屉，它们就会孵化。不过，螵蛸一次能孵化出几百只螳螂若虫，千万不要因此吓到家里的其他人哦。

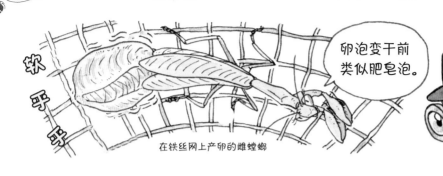

砍乎乎

卵泡变干前类似肥皂泡。

在铁丝网上产卵的雌螳螂

这就是螳螂的卵囊啊！形状很特别呢。

薄翅螳的螵蛸里面有大量的虫卵。

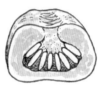

横截面

变硬的卵泡会保护螳螂卵免受天敌和严寒的侵害。

外热内冷

螳螂螵蛸的构造和朗福德所做的实验是同一个道理。

朗福德
(1753—1814)

糟糕！我把放在抽屉里的螳螂螵蛸给忘了。

爸爸！

好多

好多

螳螂

螳螂⑥ 可爱的小螳螂

到了 5 月，螳螂螵蛸里的虫卵就会孵化成小螳螂。上一篇讲了"螵蛸"，它是卵泡变硬后形成的保护壳，里面有大量的虫卵。

数百只小小的螳螂孵化出来，仔细瞧瞧还是挺可爱的。孵化出来的小螳螂虽然个头很小，但每一只都把镰刀臂挡在胸前，尾巴还高高地向上扬起。

这个时候的小螳螂，力量很弱，没办法抓到大型猎物，只能抓些玫瑰花上的蚜虫或小苍蝇来填饱肚子。

通常，小螳螂会一动不动地静静等待猎物靠近，一旦有猎物进入到镰刀臂可以触及的范围，它就会快速出击。这种捕猎方法与成年螳螂如出一辙。

但是，刚刚出生不久的小螳螂怎么会知道这一战术呢？难道这是本能？

世界上有各种各样的螳螂，其中颜色鲜艳、外形优美、长相奇特、体形较大的螳螂，多数生活在热带。热带地区的螳螂种类也更为丰富。

在这些热带螳螂中，最有名气的就是栖息在泰国和马来西亚的兰花螳螂。无论是它粉色的躯干，还是腿和翅膀的形态，都和兰花毫无二致。

兰花螳螂若是停在树枝上，蝶类、蜂类就会错将它当成一朵花，飞过来靠近，企图吸食花蜜，此时兰花螳螂就会趁机捕捉猎物。

真是怎么看都与兰花一模一样，分不清到底是花变了虫，还是虫变了花。

在这种情况下，不仅猎物会上当受骗，连捕捉螳螂的小鸟也会被蒙蔽双眼。

不过，刚孵化出来的兰花螳螂，全身由黑红两色构成，光滑闪亮。从外表看，完全看不出它与成年兰花螳螂有什么关系，竟然与其他昆虫都讨厌的猎蝽的若虫一模一样。

尽管如此，只要蜕过一次皮，兰花螳螂就会一下子变成兰花的样子，真神奇啊。

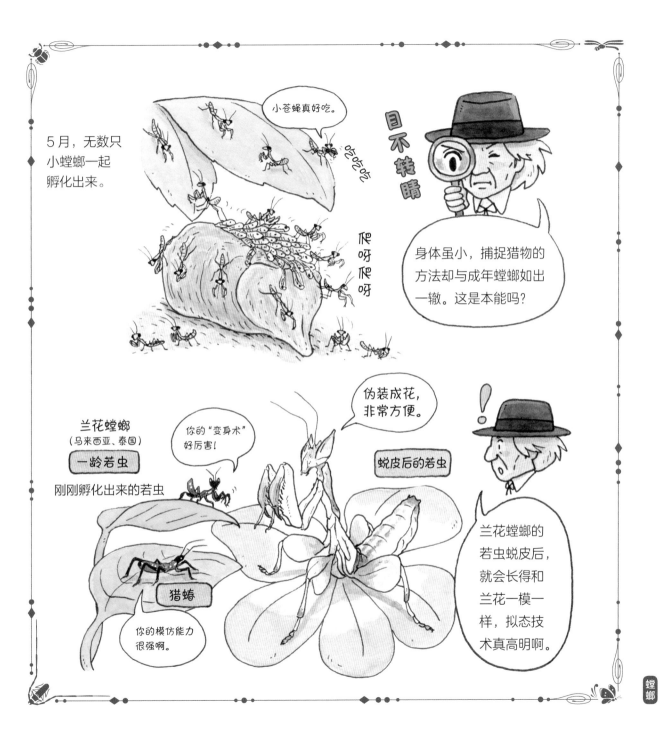

可怕的蝎子

我居住的法国南部普罗旺斯地区有很多蝎子，人们唯恐避之不及。离家不远的塞里尼昂山丘上满是石头，在石头底下总能发现蝎子。

随便搬开一块扁平的石头，马上就能找到一只。

被打扰的蝎子立刻举起一对螯（áo）肢，摆出想要和人类对战的架势。不过，大家应该当心的不是那对螯肢，而是尾部末端的毒刺。

让我们用放大镜好好观察一下这个部位。

蝎子的尾端有一根尖尖的钩刺，这便是毒刺。毒刺上有一个小孔，会分泌出像水一样的透明液体，就是毒液。

我听过这样一个故事：一个樵夫在山上砍树时，脚被什么蜇了一下。他感到一阵刺痛，大腿马上肿了一倍，无法走路了。

樵夫被路人送回家后，足足昏迷了3天，神志不清。

我没有听说身边有谁被蝎子蜇死的，但被蜇的人免不了要躺在床上养伤，痛苦一阵子。

话说回来，蝎子不是昆虫，而是与蜘蛛关系更近的一类节肢动物。

蝎子的头和胸连在一起，被称为"头胸部"。剩下的部位全是腹部，看起来像尾巴的部位，其实也是腹部的一部分。

在它的身体前部，有两只像手一样的螯肢，和小龙虾的一样。

它有4对（8只）足。

让我们来好好看一下蝎子的正脸。

在蝎子头胸部的正中央，有两只亮晶晶的大眼睛，圆鼓鼓的，就像照相机的广角镜头。蝎子的这对眼睛只能看到近处较大范围内的物体，看不清远处的东西。

另外，在它的头部两侧还分别有3只小小的眼睛，各排一列，所以蝎子共有8只眼睛。

从这些特征来看，你们就能明白蝎子和蜘蛛是相近的物种了吧。

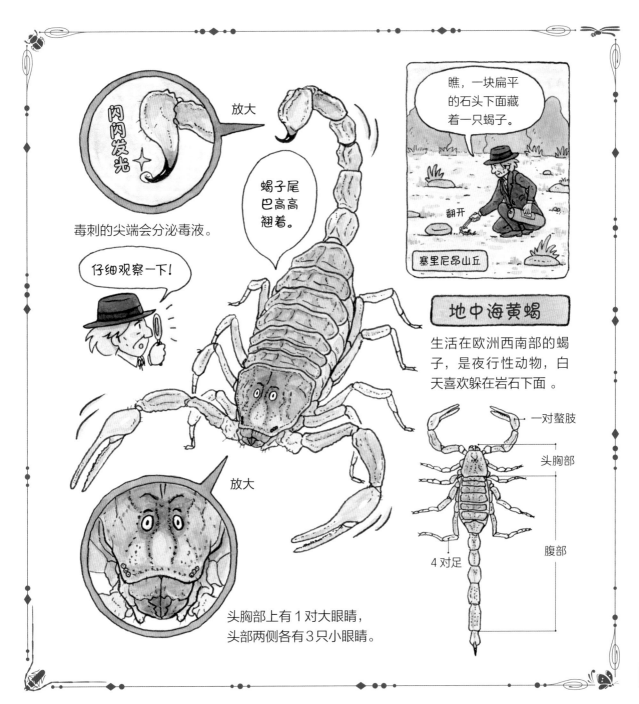

放大

闪闪发光

毒刺的尖端会分泌毒液。

仔细观察一下！

蝎子尾巴高高翘着。

瞧，一块扁平的石头下面藏着一只蝎子。

翻开

塞里尼昂山丘

地中海黄蝎

生活在欧洲西南部的蝎子，是夜行性动物，白天喜欢躲在岩石下面。

一对螯肢

头胸部

4 对足

腹部

放大

头胸部上有 1 对大眼睛，头部两侧各有 3 只小眼睛。

蝎子的饲养

过去，人们只是一味地惧怕蝎子，对蝎子的生活习性却一无所知。于是我决定抓些蝎子，养在自家的院子里观察。

我在院子里开辟出一块蝎子的饲养区，铺上沙子，摆上些扁平的石块，布置出一个与野外相似的环境。最初，所有的蝎子都企图逃跑。后来我想了不少办法，终于成功地让蝎子在我家的院子里安了家。

饲养蝎子后我弄明白的第一件事就是，它们吃得真的很少。

我以为蝎子会用自己的大螯肢和毒刺，频频击倒猎物，大吃特吃。可实际上完全不是那么回事。

我查看过蝎子在野外的巢穴，几乎找不到任何吃剩的猎物残渣。

从10月到次年4月，在长达6—7个月的时间里，蝎子就像在冬眠一样，几乎不离开巢穴。

它们只会偶尔在巢穴附近抓些马陆、蜈蚣等小虫子来吃。而且，在吃过一次小虫子后，很长一段时间内都不再进食。

此外，它们还特别胆小，碰到螳螂的若虫都会被吓一跳。如果喂它们吃菜粉蝶，菜粉蝶只需扑腾几下翅膀就能逃走。

或许这是因为蝴蝶会飞，于是我把蝴蝶的翅膀剪短，再喂给蝎子吃，可蝎子们还是非常害怕。我又改喂蝗虫、蟋蟀，它们也一概不吃。

不过，一到了5月的繁殖季节，蝎子的性情就发生了180度的大转变。它们不仅胃口大开，而且来者不拒，什么都吃，甚至还会互相残杀。

有一次，我拿起蝎巢顶部破碎的花盆碎片时，正好瞧见一只蝎子在大口咀嚼同伴的脑袋，可同伴蝎子的尾巴却完好无缺地留存了下来。这也许是因为蝎子知道尾巴上有毒。一连几天，那只蝎子都衔着同伴的尾巴招摇过市，真是令人生畏。

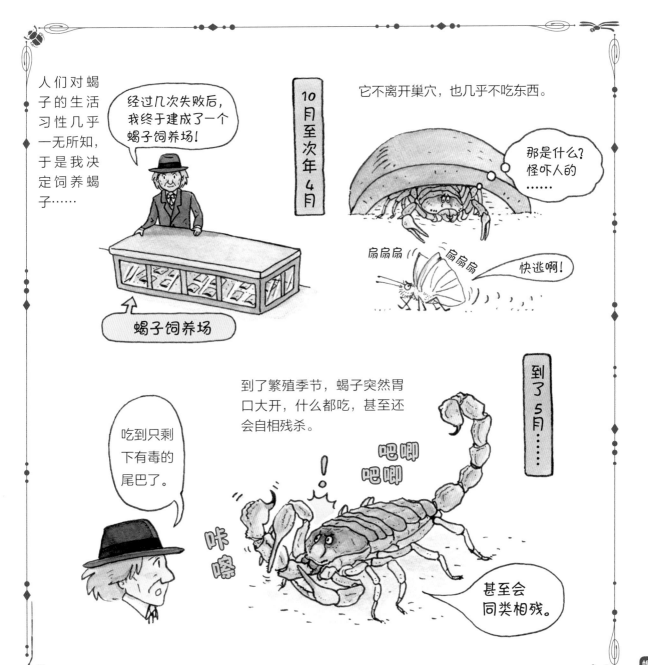

蝎子对战毒蜘蛛

今天，我们来观察一下蝎子是怎么捕食的吧。

蝎子在捕捉小虫子的时候，不会经常使用尾部的毒刺。它们只是用螯肢钳住对方，直接送到嘴巴里啃咬。

只有当猎物奋起反抗或挣扎时，蝎子才会伸出尾部的毒刺刺向对方，好像在威吓说："你给我老实点！"

猎物被刺中后，会马上安静下来。

那么，当蝎子路遇强敌时，又会做何反应呢？

若说蝎子栖息的野地上有什么强大的敌手，我首先想到的便是一种名叫"拿波鲁狼蛛"的大型毒蜘蛛。

这是一种在地面挖洞穴居的剧毒蜘蛛。如果偷偷地向洞里看，就会看见它那双闪烁着凶光的眼睛，让人害怕。

一旦有蝗虫等虫子途经它的巢穴，毒蜘蛛便会快速冲出洞来，用它的毒牙击毙对方。

蝎子和毒蜘蛛，到底谁更强大？

我在大玻璃瓶底部铺上沙子，为它们准备好竞技场，然后把蝎子和毒蜘蛛放了进去。来吧，好好地干上一架吧！

毒蜘蛛摆出一副威慑的架势，两个前肢向上高举，伸出毒牙，准备交锋。

而蝎子表现得十分镇静，慢悠悠地靠近蜘蛛后，下一秒就迅速地伸出螯肢，钳住毒蜘蛛的身体，压制住了对方。

毒蜘蛛已经动弹不得了，情急之下慌忙反击，可怎么也碰不到蝎子的身体。

而此刻，蝎子的尾巴已经弯向了毒蜘蛛的头部。

别忘了，蝎子的尾端长着毒刺。就在一瞬间，毒蜘蛛被蝎子的毒刺一下刺中，立刻缩了缩腿，死掉了。

蝎子以绝对优势完胜毒蜘蛛。这个结果让我很意外。

蝎子④ 毒液的效果（一）

我家附近的蝎子，个头虽然不大，但毒性猛烈。

我不知道这种毒用在不同的对手身上，效果是否相同。与其在脑子里猜想推测，不如去弄清楚事实真相。那就做个实验验证一下吧。

首先，我用看似强壮的蝼蛄（lóu gū）进行了实验，结果被毒刺刺中的蝼蛄瞬间死去。

那么用蝗虫做同样的实验又会怎么样呢？蝗虫也是顷刻毙命。

虽然用昆虫做实验有些残忍，但也是无奈之举。

接下来，我用短翅螽进行了尝试，这是一种体形肥硕、强壮结实的螽斯。

短翅螽被蝎子刺中后，扇动着短小的翅膀，痛苦地叫了一声后，当即倒在了地上。

不过，它并没有马上死亡。两天后，它的脚稍微动了动，也许是在慢慢复原。应该给它喂食了。

我用麦秆尖沾上葡萄汁喂给它，它竟然喝得津津有味。而且，看起来它的精神在慢慢恢复。

不过到了第 7 天，它还是死了。据说，中了蝎子的毒，连人类都要"嗯嗯啊啊"痛苦上 3 天，短翅螽竟能熬过 7 天，已经很厉害了。

那么，如果换成巨圆臀大蜓，结果会怎么样呢？果然也是一击毙命。

那犀角金龟呢？它是欧洲最威武的甲虫。就算被蝎子刺了一下，它一开始还是照样镇定自若地走自己的路。我以为蝎子的毒对犀角金龟没有效果，结果却突然起了作用。犀角金龟"咚"的一声倒在地上，接着微微挣扎了三四天，然后静静地死去了。

蝎毒作用于不同的昆虫，效果还真是千差万别呢。为什么会这样呢？

蝎子⑤ **毒液的效果（二）**

我决定继续我的实验，研究蝎子的毒液对不同昆虫产生的效果。

就连强壮的甲虫都会很快倒地，那外表柔弱的蝴蝶和蛾类，更是不堪一击了吧。

果然，无论是金凤蝶、大红蛱蝶，还是菜粉蝶，一旦被蝎子蜇到，都瞬间没了气息。

我还用过一种体形较大的天蛾——大戟天蛾来做测试，结果它也是难以活命。这种蛾从幼年开始，就吃着毒草长大，但依然难敌蝎子的毒液。

不过有一种名叫"大孔雀蛾"的飞蛾，在被蝎子蜇了以后安然无恙，完全不受影响，这让我深感意外。

我把被蝎子蜇过的大孔雀蛾放到铁丝笼里，持续观察，结果到了第2天它也没什么变化。

到了第4天，那只飞蛾终于死了，"啪嗒"一声从铁丝网上掉了下来。事后经我仔细查看，这只飞蛾已经产卵。这说明它并不是中毒而亡，而是寿数已尽，自然死亡的。

我又找了家蚕蛾来测试，也得到了同样的结果。

还有更让人意外的事情呢。

我家的院子里常有落叶堆积，其中栖息着很多花金龟的幼虫。我把它们放在桌子上，它们会各自翻身，用背部走路。我从中抓了一只来继续实验。

花金龟的成虫被蝎子一蜇，就会立刻身亡。

可是，花金龟的幼虫即使被蝎子蜇出了血，也并无大碍，依然能用背部慢吞吞地挪动。

而且，被蝎子蜇伤的花金龟幼虫，还能健健康康地长大，并在第二年长为成虫。

我百思不得其解。

为什么蝎毒对有些昆虫有效，对有些昆虫却完全不起作用呢？

我一直没有找到其中的原因，昆虫的身体和毒性之间的关系实在太玄妙了。

蝎子⑥　**蝎子的婚礼**

之前跟大家说过，到了5月，蝎子会突然变得好动起来，它们不仅胃口大开，甚至还会吞吃同类。这都是因为蝎子到了交配的季节。

这一时期，每当天色暗下来，蝎子都会从石头底下的巢穴里跑出来，去附近各处溜达，像是在找寻结婚对象。

为了便于观察，我制作了一个用玻璃围成的蝎子饲养场。

晚饭过后，也就是7点到9点之间，我会和孩子们一起提着灯，巡视蝎子居住的"玻璃宫殿"。

如果在玻璃围墙前吊一盏提灯，蝎子就会在光的指引下聚拢过来。蝎子的影子投射在墙壁上，简直像在上演皮影戏，仿佛一群怪物正伴着西班牙风情的音乐跳舞。

蝎子明明正在寻找结婚对象，但只要螯肢触碰到对方，就会马上缩回来逃开，仿佛被沸水烫到了一样。

逃开的蝎子会待在暗处休息一阵儿，然后再重新加入"跳舞"的队伍。

有时几只蝎子会扭在一起大打出手，这种情况每天晚上都会上演。

有一天晚上，两只蝎子互相用大钳夹住对方，我看它们像是一对雌雄蝎子。它们在温柔地"握手"之后，便竖起尾巴，沿着玻璃围墙慢慢散起步来。

雄蝎子紧紧夹住雌蝎子的大钳，引领着雌蝎子在狭窄的饲养场里来回踱步。

几个小时后，雄蝎子就把雌蝎子带到了自己巢穴所在的石块处。它用一只钳子紧紧夹住雌蝎子，又用足挖开巢穴的入口，然后进入其中。

第二天早上，当我移开石块查看时，发现里面只剩下了雌蝎子，看来雄蝎子已经成了雌蝎子的腹中餐。

明知最后逃不过被吃掉的命运，却还是盛情邀请雌蝎子前来做客，雄蝎子的举动真是让人琢磨不透啊。

晚上，我们来到蝎子的宫殿前观察。

它们都被光吸引过来了呢!

快,让我们仔细瞧瞧。

配成一对的两只蝎子正跳着恋之舞。

可是，第二天早上，当我移开石块查看……

你把雄蝎子吃了吗?

天哪

有什么问题吗?

大口嚼

蝎子⑦ 卵生还是胎生？

在我居住的普罗旺斯地区，还生活着另外一种蝎子，就是黑蝎子。

7月22日早上，我打开实验室桌上的黑蝎子饲养瓶时，发现雌蝎子的背上多了好几个小白点。

"生小蝎子了！说不定院子里的地中海黄蝎也生小蝎子了。"

我急忙跑去院子里的蝎子饲养场查看。

生了！生了！一只雌蝎子的背上果然爬满了白色的小蝎子。

我用一根稻草翻动另一只雌蝎子，发现它的腹部下方已经产了一大堆卵。太好了，我一直想观察地中海黄蝎生产时的情况。

在此之前，人们一直以为蝎子并不产卵，而是直接产下小蝎子，也就是认为蝎子是胎生的。可是谁也没有亲自饲养并且真正观察过，都只是推测而已。

果然亲自观察验证，对于科学研究是十分必要的。

我用放大镜仔细观察蝎卵，发现蝎卵最外面是一层柔软的薄膜，小蝎子蜷缩在其中，被保护得很好。

一只地中海黄蝎的腹中可以容纳30—40粒这样的蝎卵，等到时机成熟后，它再一粒接一粒地把它们产下来。

通常雌蝎子在产下蝎卵后，会即刻撕破卵膜，让小蝎子露出来，所以人们才会误以为蝎子是胎生的。

母蝎子会用口器旁的小钳子，耐心细致地将薄膜一点点撕下来，吞入口中，真是非常巧妙呢。

刚刚出生的小蝎子全身发白，体长大约只有9毫米。当母蝎子将螯肢撑在地上，小蝎子会自动爬上螯肢，然后再慢慢爬到母蝎子的背上。

在大约两周的时间里，小蝎子就待在母蝎子的背上，不吃不喝。尽管没吃什么东西，体长却能从原先的9毫米增长到14毫米。不吃东西都能长大，真是匪夷所思。

7月22日早上，黑蝎子产下了很多小蝎子。

比书上写的产期要早得多。

这么说来，地中海黄蝎也应该生了……

娃儿太多，感觉有点儿累。

拥挤不堪

黑蝎子

蝎卵是从腹部的正中央产下的。

母蝎子将小蝎子背在自己的背上加以保护。

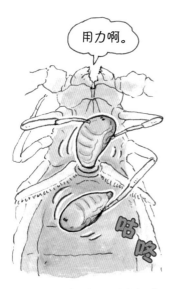

用力啊。

咕咚

从腹部观察时，透过卵膜，可以隐约看出小蝎子的模样。

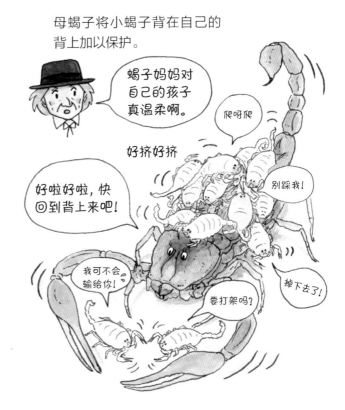

蝎子妈妈对自己的孩子真温柔啊。

爬呀爬

好挤好挤

好啦好啦，快回到背上来吧！

别踩我！

我可不会输给你！

掉下去了！

要打架吗？

蝎子

蝎子⑧ **关于蝎子的传说**

古罗马诗人和哲学家卢克莱修曾经说过"恐惧创造了神明"。

古时人类为了避免遭遇自然界中的一些可怕事物，把雷电、鸟兽等奉作了神明。

蝎子也是被神格化的生物之一。

但凡熟悉星座的人，应该都知道高挂在冬季夜空中的猎户座吧。

在希腊神话中，猎人奥利安是一个一手持棍棒、一手托狮子皮毛的巨人。他夸下海口，称自己天下无敌，但后来被蝎子蜇到，一命呜呼。奥利安死后升上天空，成为猎户座。

所以，当天蝎座在天空出现时，猎户座就会悄悄地隐去。

在世界范围内，蝎子有上千种之多，主要栖息在热带沙漠。

每年有约 1000 人因为蝎毒丧生。但蝎毒中有剧毒的，也有毒性没那么强的。

关于蝎子，还有另外一个传说。

据说蝎子在被大火包围，痛苦不堪时，为了不再忍受痛苦，会用尾部的毒刺，将自己刺死。

传说是真是假，必须得经过验证。

我把一只蝎子放在火圈之中。没过多久，它看起来像是很痛苦地死掉了。难道真是它自己给刺死了？

不对，不是这样的。我把蝎子移出火圈，没过多久它又动了起来。

这说明蝎子只是因为温度过高，热昏了过去。等到身体凉下来后，就又恢复了神志。看来，蝎子并不会自杀。

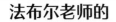

法布尔老师的
标本箱①
螵蟖、蝎子等

薄翅螳的螵蛸

螳螂卵被厚厚的、变硬的卵泡保护着过冬。

螳蛉（法国）

➡ P6 螳螂

夜行性昆虫，吃小虫子，是草蛉的亲戚。中国也有此虫。

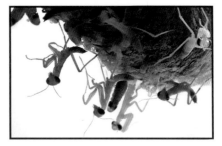

薄翅螳的孵化

天气转暖后，从螵蛸中钻出了很多小螳螂。

※ 照片中的螳螂是日本的薄翅螳。
（摄影：山下浩平）

薄翅螳（法国）

➡ P6 螳螂

除了法国南部，从南欧到北非、印度、中国台湾地区、澳大利亚、日本也都有这种螳螂。雄螳螂的体形比雌螳螂小。前翅透明，很薄。

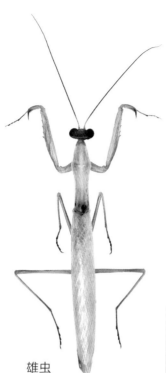

雄虫

雌虫

地中海黄蝎

➡ P18 蝎子

小型蝎子，有剧毒。栖息在欧洲西南部。

尾巴前端有毒刺。

夜行性昆虫，在夜间会从巢穴出来活动。

天牛① 名字的由来

说起天牛，大家头脑中会闪现出什么形象呢？

这种昆虫长着一对尖锐的大颚，看起来似乎很擅长切东西。

试着把一张纸紧贴它的嘴边，结果这张纸被整整齐齐地切断了。

如果换成一束头发呢？也被干干脆脆地切断了。

我们可以来做一下实验。如果把一束头发放在云斑白条天牛、紫薇星天牛等大型天牛的嘴边，就会观察到头发被切断的全过程。所以在日语中，天牛被称作"切发虫"。

当然，在实验中手指有时也会被咬到，甚至还会破皮出血，所以要注意安全哦。

天牛在法语中叫作"longicorne"。"longi"是长的意思，"corne"是角的意思，合起来就是"长角虫"的意思。英语中的"longhorn beetle"也是相同的说法，是"长角甲虫"的意思。正是因为它的触角很长，所以才被冠

上了这样的名字吧。"角"说的就是触角。

话说回来，天牛长长的触角到底有什么作用呢？

最有可能的，就是它在雄天牛搜寻雌天牛时起到天线的作用。雄天牛的触角比雌天牛的长，也是这个原因吧。

说起来，天线的英文是"antenna"，这个词原本就有"触角"的意思。

让我们站在昆虫的角度思考一下。雄天牛要想找到停在大树上的雌天牛，简直是大海捞针。这就好比一个人在高楼大厦里寻找另一个住在其中某个房间里的人。

这种情况下，现代人会怎么做呢？

大家都有手机吧，通过手机马上就可以联系上了。也就是说，自从有了手机，人类才总算赶上了天牛的步伐。

天牛在日语中叫作"切发虫"。

撕纸我也行……

不是撕纸，是切发。

瞧

嘶

咔嚓

云斑白条天牛

哔哔哔

信息接收中

哔哔哔

信号连接正常！

你的触角是很灵敏的天线！

快把我的触角还给我！

哔哔哔

和我的天线相比，手机真不算什么。

在法语中它叫"Longicorne"，是"长角虫"的意思。

马拉白星天牛

今天，我们来好好观察一下天牛的身体结构。

首先是大颚。仔细观察会发现它的大颚不仅锋利，而且又短又粗，看起来很有力量，用这样的大颚在树皮上挖洞应该易如反掌。

即便是其他形态和天牛相像的甲虫，比如锹甲，其大颚也只是看似威武的装饰品。雄性锹甲会在对战时炫耀自己的大颚，或借此争夺雌性配偶。

相对于锹甲，天牛的大颚就很实用，作用就像削木头的刀刃一样。

雌性天牛会爬到木质偏软的树干上，然后用它那锋利的大颚在树上挖洞，并在其中产卵。

仔细观察一下天牛的足，会发现与擅长爬树的象甲的足很相似。在天牛的足尖部位有两个挂钩似的构造，而足跟部有一部分比较平，可以紧紧地贴住物体，所以天牛不会从垂直的树干上掉下来。

天牛背上的花纹也很独特。在南美洲的巴西，有一种名叫"长臂天牛"的大型天牛。它的前足很长，体形较大。这种天牛背部的花纹，简直就像是人类设计并亲手绘制的。据说数百年前，欧洲人发现了这种大型天牛，当看到它背上的花纹时，马上想到了小丑。

在意大利的古典戏剧中，经常会有淘气的小丑——阿莱基诺（Arlecchino）出场，他专干一些恶作剧。而这种长臂天牛也净干一些破坏咖啡树生长的坏事，是树木生长过程中的反派角色。

不过，这种天牛长长的前足到底起什么作用呢？足这么长，走路不碍事吗？

除了长臂天牛，还有很多前足较长的雄性甲虫，如泰国派瑞长臂金龟、四斑幽花金龟。或许前足越长，长得越威武，越能得到雌性的青睐吧。

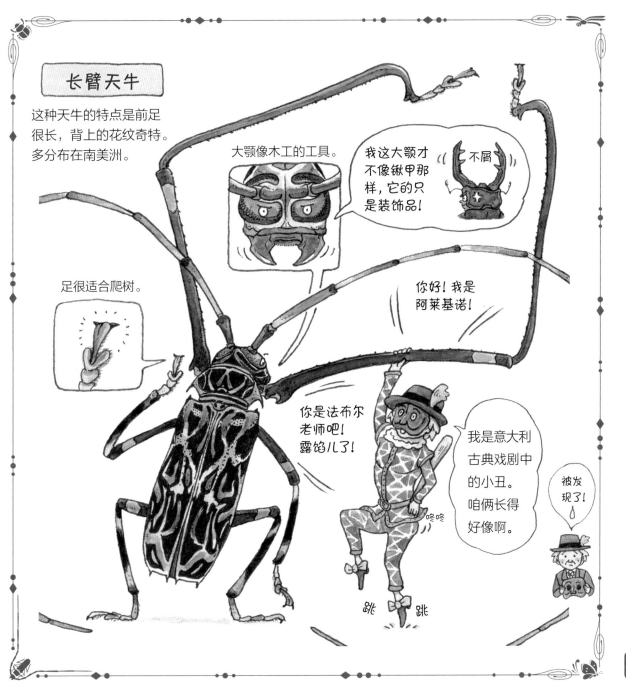

长臂天牛

这种天牛的特点是前足很长，背上的花纹奇特。多分布在南美洲。

天牛

天牛③ 幼虫的生活

如果我说"劈过柴的人请举手"，会有人举手吗？

过去一到冬天，我们就用炉子烧柴取暖。

就算不是冬天，做饭时也得在炉灶里烧柴，直到后来才改用煤炭。我想，过去大多数地方都是同样的情况吧。

劈柴在过去是男人干的活。举起重重的斧头，"啪"的一声把木柴劈成两半，这既需要力气，也需要技巧。

当劈开栎木的树干，有时会看到白色的大虫子从里面爬出来，那是天牛或吉丁虫的幼虫。吉丁虫幼虫的头部肿大，很容易辨识。

这些幼虫会在树干里啃出一个细长的洞，然后住在里面。也就是说，幼虫会像挖隧道一样，一边吃一边挖。吃得越多，挖的隧道就越长，它们的食量还真不小呢。

隧道之所以曲曲折折，应该是幼虫这里吃吃、那里吃吃，尽选些好吃的地方来啃的缘故吧。

在幼虫爬过的隧道里有类似木屑的东西，那是幼虫的粪便。

就算用放大镜观察幼虫的头部，也分辨不出眼睛、鼻子长在哪儿，不过它确实没有弄错在树干中啃食的方向。

明明隧道里漆黑一片，它们却能很好地感知方位。如果挖隧道时没有章法，就会挖到树干外面，甚至掉落到地上。如果距离树皮太近，就会被它的天敌啄木鸟啄出来吃掉。对于生活在树干里的昆虫来说，啄木鸟还是挺可怕的。

有些天牛幼虫会在自己挖好的黑漆漆的隧道中，生活上几年时间。它们大量进食后会长大，之后就在树干中挖出一个小房间，再铺满木屑，然后化蛹。

天牛的蛹非常漂亮，简直像珠宝一样。

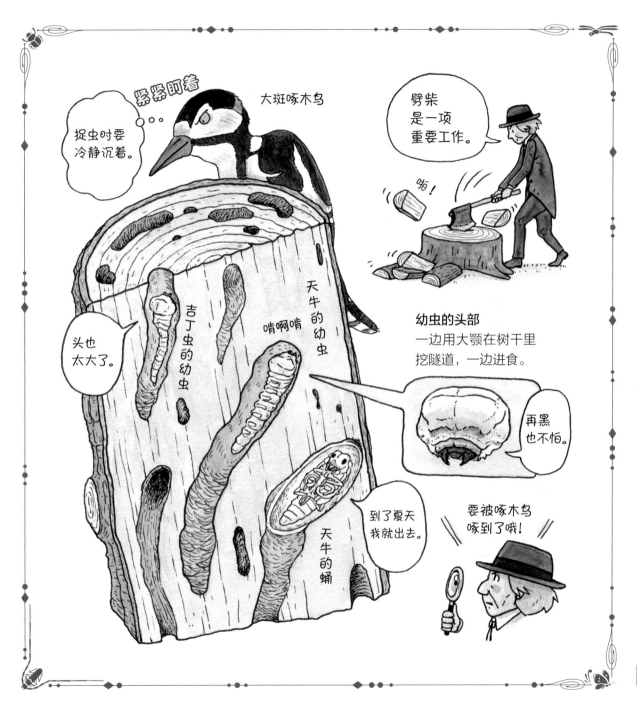

天牛④ 成虫的大颚

天牛的蛹室靠近树的浅层表皮，只要用头顶破树皮，天牛就能钻到外面来。

不过就像前文中提到的，蛹室越是靠近树的表皮，越容易被啄木鸟发现，是十分危险的。我又想到天牛的成虫长有坚固且尖锐的大颚，像工具一样，那即便把蛹室挖得深一些，天牛在羽化后只需啃啃树木就能跑到外面来吧。

于是，我决定做个实验来验证这个假设。

我把树干劈成两半，挖出一个和蛹室差不多大小的洞来，然后把一只刚刚羽化的天牛成虫放在里面。接着重新合上树干，用铁丝绑紧。

没过多久，里面就传来了啃咬树木的声音，一定是成虫为了钻出来在挖洞吧。

可出人意料的是，这只天牛竟然没能成功地钻到外面来。这个结果让我震惊。

我松开铁丝，打开树干一看，发现里面的成虫已经死亡，旁边还有一些啃咬下来的木屑。

接下来，我把另一只天牛塞进了芦苇秆中，芦苇秆应该比树干柔软很多吧。

可是，这只天牛最后也没能从芦苇秆中成功逃出来。

原来如此，我恍然大悟。虽然天牛成虫的大颚十分尖锐，却不适用于挖掘隧道。

所以天牛才会趁自己在幼虫阶段，即拥有可以啃食树木的强力大颚时，先在接近树干表皮的地方挖好通道，然后化蛹。等羽化后，再用脑袋顶破树皮，就可以到外面来了。

变为成虫后，天牛就会丧失破墙突围的能力，所以必须在幼虫时期啃好通道，找好蛹室的位置。这到底是谁教给它的呢?

谁都没有教过它。这应该就是天牛的本能吧。

把成虫关起来的实验

天牛的成虫是否能像幼虫一样，挖通隧道跑到外面来呢？

1 在劈成两半的树干里挖好洞，将天牛关在里面。

啃咬的声音

用这对大颚啃咬出一条路！

怎么样？我的这一对大颚很威武吧！

这里

条纹山天牛

幼虫栖息在栎木类树木的树干之中。成虫靠啃食树叶和新芽为生。

2 把天牛的成虫塞到比树干柔软的芦苇秆里。

啃咬的声音

还是用大颚试试！

可惜……
无论哪种情况，
天牛都没能突破重围。

我只要用脑袋顶破薄薄的树皮就可以出来了。

啪嗒

成虫的大颚十分威武，却不适合用来挖掘隧道。

所以，天牛要趁幼虫时期，在接近树干表皮的地方挖好蛹室。

果然是本能使然……

天牛

天牛的种类

天牛这种甲虫的种类繁多，全世界多达30,000种。

大部分天牛的触角很长，但也有触角短的，比如日本的虎斑天牛。虎斑天牛的身上长有黑色和黄色的条纹，乍看之下，很像可怕的胡蜂。

"啊，是胡蜂。危险！"人一看到它，就会不由自主地退缩。小鸟有时也把它误认作胡蜂，不敢啄它。这是天牛在模仿胡蜂，这种现象被称为"拟态"。

以前有很多农户养蚕，虎斑天牛喜欢吃桑树，所以在桑树上很容易就可以找到它。还有一种黄星长脚天牛也喜欢待在桑树上，它的触角很长，黑色的身体上长有大小不一的黄斑。

如果大家有机会经过桑园，不妨试着找找这两种天牛。通常情况下，天牛以啃食树木嫩芽和吸食树的汁液为生，不过也有喜欢聚在花朵上的天牛。

这类天牛叫花天牛，它们体形很小，大多外形很美。鲜花盛开的季节，拿着捕虫网到山上去捉虫，或许就能抓到花天牛。

最常见的花天牛有黄纹花天牛和黑角伞花天牛等。

不过，最有趣的就是下面要介绍的这种天牛。

它的鞘翅很短，可以看到鞘翅下方较大的膜翅。它的后腿很长，关节处粗大，还长着毛。

那么，该给它取什么名字呢？相信最初发现它的人也很苦恼吧！

最后，它被命名为"簇毛半鞘天牛"。看一下右侧的图片，还真是虫如其名哪！

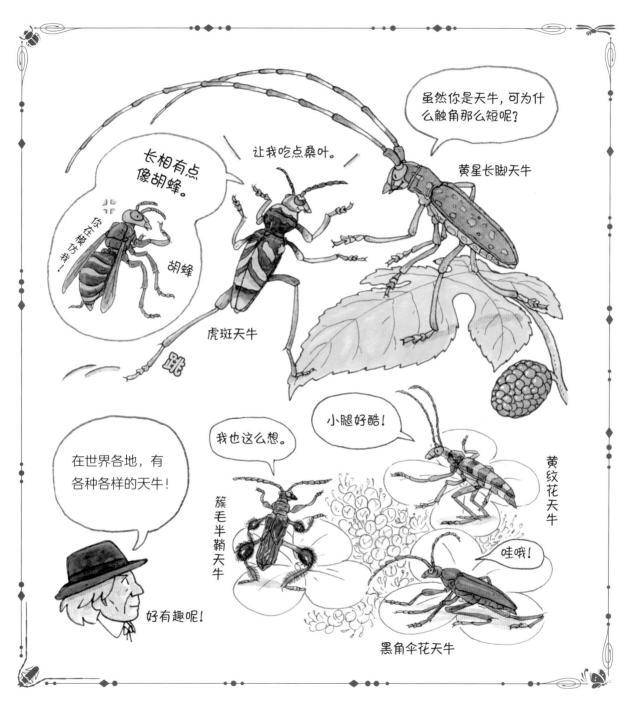

芫菁① 芫菁是什么？

有时候，好端端地走在山道上，脚边会突然有东西飞过。

"咦，那是什么？是苍蝇吗？"

待它停下来后，仔细一瞧，原来是一只鞘翅上有红、蓝、白等颜色的漂亮甲虫。刚一凑近，它又马上飞起来，在离我稍远的地方停住。我再一靠近，它又飞起来，一停一飞，一飞一停，好像在引路一样。真想跟在它的身后一探究竟。

这是一种名叫"虎甲"的甲虫。和独角仙、天牛一样，它的鞘翅很坚硬。另外就像我刚才描述的，它像苍蝇那样擅长飞行。

我试着悄悄靠近它仔细观察。虽然它身体的颜色很漂亮，长相却十分恐怖。它的大颚又长又尖，俨然一副肉食性昆虫的模样。在英语中这种甲虫叫作"tiger beetle"，意为"像老虎一般凶猛的虫子"。

虎甲会抓蚂蚁、鼠妇等小虫子来吃。蚂蚁这样的小虫子，一旦被虎甲的大颚钳住，会立刻粉身碎骨。

古时候的人们相信，但凡颜色鲜艳的动物都有毒。一旦触碰了它们，就会被蜇或被刺，引发皮肤红肿。

所以像虎甲、吉丁虫以及步甲这类根本无毒的甲虫，也被人们误以为是有毒的。

在有毒的花草和动物中，有些颜色鲜艳的像是在向四周发出警告：不要碰我，我很危险。人类的语言中不也有"刺眼的颜色"这种说法吗？不过，虎甲其实是无毒的。

还有一种名叫"芫菁（yuán jīng）"的甲虫，接下来我想花点时间聊一聊它。

虽然芫菁身上的颜色并不鲜艳，却有剧毒。如果将3只芫菁晒干后磨成粉让人服下，那人就会极其痛苦地死去。

怎么样，是不是很可怕呢？

芜菁② 有毒的昆虫

终于要向大家介绍毒虫芜菁了，它其实是一种很特别的昆虫。

芜菁的身体呈深蓝色。它虽然是一种甲虫，但前翅（鞘翅）很短且软软的，整个背部都露在外面，腹部膨大。雄性芜菁的触角很特别，中间几节关节膨大且扭曲。

当然，这种昆虫是飞不起来的，最多只能慢慢吞吞、摇摇晃晃地走一走。

芜菁被抓住后，会从足部的关节处释放出一种难闻的油状毒液，所以鸟类不吃它。据说，英国人都叫它"油甲虫"。

其实，芜菁有毒的事实，还可以从它迟缓的行动中窥知一二。它在被抓后丝毫没有逃跑的意思，这才让人觉得奇怪呢。

芜菁有很多种类，不同种类在外表上差异很大。如变色斑芜菁、西班牙绿芜菁、锯角豆芜菁等，光看名字就很不一样。

西班牙绿芜菁周身泛着金绿色的光泽，不太懂昆虫的人乍一看，可能会把它当作无毒的虎甲或叶甲。在古代的中国和日本，人们就常把入药的芜菁与叶甲搞混。

它们的相同之处在于，体内都含有"斑蝥素"这种毒素；而且都会潜入其他昆虫的巢穴，偷吃食物或者虫卵。

芜菁的幼虫每改变一次生活形态，外形也会发生很大变化，真的非常有趣。

我花了很长时间研究芜菁，终于弄清楚了它的成长过程。1867 年，我受到法国皇帝拿破仑三世召见，被授予骑士勋章。当时，我还和他聊了很多有关芜菁的发现，就是不知道皇帝陛下是否听明白了。

芫菁产卵

我年轻的时候，曾在法国南部小镇卡庞特拉当小学老师。这个小镇的郊外有一条山路，那里的光照十分充足。

5月学校放假的时候，在那里经常能看见成群的蜜蜂。这种蜂叫"彩带蜂"。

嗡嗡飞舞的彩带蜂会在悬崖壁上挖洞筑巢。最初我也有些害怕，一直不敢靠近它们，不过现在已经不怕了。彩带蜂的性情很温和，很少蜇人。

挖开这种蜂的巢穴来看，里面就像用钻孔机钻过一样，圆圆的孔洞一直蜿蜒向下，有20—30厘米深。洞穴的尽头连着3个或4个小"房间"。

蜂群把采集到的花粉、花蜜带回小房间中储存，并在产卵后把小房间封闭起来。从卵中孵化出来的幼虫，靠吃这些花粉和花蜜慢慢长大。

到了8—9月间，我又重新来到这些彩带蜂筑巢的地方。此时，雌蜂和雄蜂早已踪影全无，四周一片寂静。

不过仔细一瞧，却发现这里聚集了很多昆虫，它们的目标是彩带蜂储存在洞中的花粉、花蜜以及孵化出的幼虫。而这些昆虫中就有前面介绍过的芫菁。

雌芫菁倒着爬进彩带蜂的巢穴中，在距离蜂巢入口3—4厘米的地方，开始慢慢产卵，整个过程要历经36个小时之久。

芫菁产下的卵，数量多得惊人，怪不得要用那么长的时间。我试着数了一下卵的个数，竟有2000多粒。如果这些卵全部孵化，都长为成虫，那整个山头都将成为芫菁的领地吧。不过，一定也有很多卵没能长成成虫。

把卵产在离蜂巢入口这么近的地方，很容易被肉食性昆虫发现，冬天还会遭受冷风的吹袭。雌性芫菁把卵产在这种地方，到底是出于什么目的呢？

5月，卡庞特拉郊外的山道上，飞舞着很多彩带蜂。

嗡嗡

嗡嗡

年轻时的法布尔老师

这种蜂并不可怕。

嗡

你好！

彩带蜂

广泛分布于欧洲。会在崖壁上挖洞筑巢。

嘿呦！嘿呦！

在悬崖壁上筑蜂巢，彩带蜂可以在里面的小"房间"里产卵。

8—9月间，彩带蜂的巢穴附近会聚集很多昆虫，它们都是以花粉、花蜜和幼虫为目标。

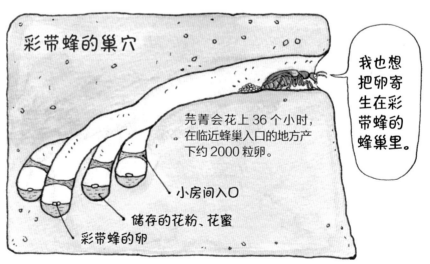

彩带蜂的巢穴

芫菁会花上36个小时，在临近蜂巢入口的地方产下约2000粒卵。

我也想把卵寄生在彩带蜂的蜂巢里。

小房间入口

储存的花粉、花蜜

彩带蜂的卵

芫菁幼虫

在彩带蜂蜂巢入口产下的芫菁虫卵，之后会发生什么变化呢？我决定把这些虫卵带回实验室进行观察。

到了9月底，这些数量庞大的虫卵终于孵化了。

芫菁幼虫的模样奇特无比，很难将它们的模样和其父母亲联系到一起。刚孵化出来的幼虫，体长不足1毫米；皮肤硬硬的，泛着偏黑的光泽，略带一点儿绿；背部鼓得圆圆的，腹部下侧扁平；大颚很尖锐，能够紧紧咬住猎物。

幼虫的步足强健有力，足尖还长有爪子。到了容易打滑的地方，它会从尾端分泌出透明的黏液，把身体固定住。

为什么芫菁幼虫会长成这种形态呢？它们又是怎样生存的呢？

我猜测，幼虫从虫卵中孵化出来后一定会即刻分散，并通过小缝隙钻到彩带蜂幼虫所在的蜂房里。

于是，我决定将整个彩带蜂的蜂巢，连同周围的土块一起挖出来进行观察。

我首先凿开了蜂巢里密闭的隔间，让彩带蜂的幼虫和虫蛹置于暴露状态，并将它们一并放入玻璃瓶中。然后取来一大群芫菁幼虫，也放进了玻璃瓶中。

"快看快看，这里有很多美味可口的彩带蜂幼虫和蜂蛹哦，吃吧吃吧！"

我用针戳了一下芫菁幼虫，试图让它们分开。

可是，芫菁幼虫马上又重新钻到自己的同伴堆里，完全没有要去彩带蜂幼虫那里的意思。

"真是奇怪了。芫菁幼虫应该去吃彩带蜂的幼虫才对啊……"

我百思不得其解。芫菁的幼虫只是相互紧贴在一起，并没有吃任何东西，就打算这样直接过冬了。

西塔利芫菁

属于甲虫，但鞘翅很短，身体柔软，有毒。幼虫寄生在彩带蜂的蜂巢里。

放大

好好长大呦！

成虫

我会努力的。

9月末，芫菁的卵孵化了。

走起来的样子很像尺蠖（chǐ huò）。

有4只眼睛

会从尾部分泌黏液

幼虫

长得好奇怪呢。

大伙注意了，别分散了。

"芫菁的幼虫，一定会钻到彩带蜂的蜂房里去"，我这么想着，把蜂巢放到玻璃瓶中观察。

包着彩带蜂巢穴的土块

幼虫聚集在一起，什么也不吃，就直接过冬了。

为什么呢？

芫菁

芫菁⑤　芫菁的幼虫食饵

什么都没吃就过冬的芫菁幼虫，一到春天，突然变得活跃起来。

它们在忙什么呢？当然是找东西吃喽。

芫菁幼虫都在彩带蜂的蜂巢里，如果说要去找什么食物，当然是蜂巢里彩带蜂的幼虫了。

彩带蜂的巢穴是去年建造的，里面的幼虫都已经长大。我把芫菁的幼虫直接放到了胖墩墩的彩带蜂幼虫身上。

可是，芫菁的幼虫并没有要啃咬彩带蜂幼虫的意思。

"哦，我明白了，它们不想吃彩带蜂的幼虫，那一定是想吃彩带蜂储存的蜂蜜吧。"

我试着去寻找彩带蜂新筑的蜂巢。

新筑的蜂巢里装有混合着花粉和花蜜的黑色蜂蜜，上面还浮着刚刚从卵里孵化出来的彩带蜂幼虫。

我把彩带蜂的幼虫取出来，又抓了三只芫菁幼虫，将一只轻轻地放在花蜜上，另一只放在蜂房壁上，还有一只放在蜂房入口处。

然后，我把整个蜂巢轻轻放入玻璃瓶中，就在一旁观察。

浮在蜂蜜上的芫菁幼虫溺死了。分别放在蜂房入口处和蜂房壁上的那两只幼虫，也没有去碰蜂蜜。

"咦？真是奇怪了。难道芫菁的幼虫不吃彩带蜂的蜂蜜？它们既不吃彩带蜂的幼虫也不吃蜂蜜，那到底吃什么呢？"

我完全糊涂了。

到底该怎么办才好呢？

既然如此，我只能等到明年春天再去一次彩带蜂的基地，把整个蜂巢挖出来带回实验室，从头再来一次了。

春天一到，芫菁的幼虫突然活跃起来。

它们在寻找食物。

蜂巢里只有彩带蜂的幼虫和蜂蜜。它们一定会选择其中一样来吃吧。

首先，我把芫菁的幼虫放在了已经在去年所筑蜂巢中养大的彩带蜂幼虫的身上……

我不吃这东西！

然后，我试着把芫菁的幼虫放在今年新筑蜂巢中储备蜂蜜的蜂房里……

好痛苦啊。

快逃！

救命！

放在蜂蜜上

放在蜂房入口

放在蜂房壁上

溺死了

都没有靠近蜂蜜

越来越不明白，芫菁幼虫到底要吃什么……

为什么呢？

芫菁⑥ 真相大白

芫菁幼虫在彩带蜂的蜂巢中孵化出来后，既没吃彩带蜂的幼虫，也没吃蜂巢中的蜂蜜。

"那么，芫菁为什么要把卵产在彩带蜂的巢穴中呢？"

我陷入了沉思。

我所敬仰的法国著名昆虫学家莱昂·迪富尔（Léon Dufour）曾对我说过：

"我发现紧紧抓着彩带蜂身体的小幼虫长得与芫菁的幼虫一模一样。其实，它们是斑蝥的幼虫。"

这给了我很大的启发。虽然芫菁和斑蝥的成虫长得一点儿也不像，但它们的幼虫却很相似，成长过程也应该相似。

"好吧，等到了春天，我再调查试试吧。"

又到了春天，我抓住彩带蜂巢穴入口附近的彩带蜂，用放大镜仔细观察它的身体。

果不其然！芫菁的幼虫正紧紧抓着彩带蜂的毛呢。

这下就清楚了。无论是芫菁幼虫强有力的大颚，还是尖利的爪，以及从尾端分泌出来的黏合剂一样的液体，都是为了让幼虫能紧紧抓住蜂毛，不至于被彩带蜂晃落。

据说古希腊学者阿基米德在想清楚"阿基米德定律"的时候，是一边大叫着"我知道了！"，一边光着身子跑出浴室的。而我现在也是一样，想兴奋地大喊。

还有一次，我用捕虫网抓到了一只前来吸食花蜜的蜜蜂，果然也在蜜蜂的胸部和背部的毛中发现了好几只紧紧抓着不放的芫菁幼虫。

芫菁的幼虫就是趁着春天羽化的蜂类从蜂巢出来时，紧紧抓住蜂类的身体。所以，芫菁才会在蜂巢入口处产卵。

而且，这样附着在蜂类身上的芫菁幼虫，就能随着蜂类进入到新筑好的蜂巢里去。

芜菁⑦　密室谜团

到了春天，我再次造访了彩带蜂的蜂巢，因为在新建成的蜂巢的蜂房里，也许会有紧紧抓住彩带蜂蜂毛、跟着回来的芜菁幼虫。于是，我用十字镐刨断连接蜂巢的周边部分，把整个蜂巢搬回了家。

我试着打开了几个封闭的蜂房，发现里面的情况各不相同。

既有刚孵化出来的小彩带蜂幼虫；又有吃光了花粉和花蜜，已经长大的幼虫；还有一些彩带蜂的卵，漂浮在黏稠的黑色蜂蜜上。

那么，里面有芜菁的幼虫吗？

我仔细搜索了一下，发现真是有好多芜菁幼虫啊。幼虫的爪和下颚都很尖锐，它们早就机灵地趴在彩带蜂蜂卵上，在蜂蜜上漂浮了。

在其他的蜂房里，每一粒彩带蜂的蜂卵上都趴着一只芜菁幼虫。芜菁幼虫到底是什么时候潜伏在里面的呢？

我并没有在蜂房里发现芜菁幼虫可以乘虚而入的缝隙或裂纹，而且蜂房的入口也封得好好的。

这简直就是"密室杀人案"。通常在这类案件中，罪犯多半不是破门而入，而是从一开始就隐藏在里面了。

于是，我开始了推测。

首先，芜菁的幼虫是不可能在蜂蜜中游泳的。它们一旦接触到了黏糊糊的蜂蜜，就会溺亡。这么一来，就只能是一开始它就趴在彩带蜂蜂卵上了。

这虽然是我的猜想，但是紧紧抓住蜂毛的芜菁幼虫，趁着彩带蜂在蜂蜜上产卵时，爬到蜂的尾巴上，然后再掉落到蜂的卵上也是有可能的。

如果没有掉落到卵上，而是掉落到蜂蜜上，芜菁幼虫就会淹死。这完全是一种冒险，可我能想到的方式只有这一种。同时，产完卵的彩带蜂还要在不知道芜菁幼虫已经落在自己卵上的情况下，封闭蜂房。

在密封的蜂房里，漂浮着一些彩带蜂的卵和幼虫……

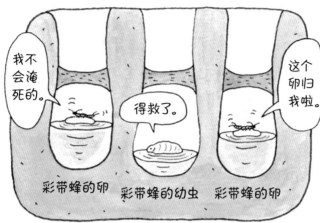

我不会淹死的。

得救了。

这个卵归我啦。

彩带蜂的卵　彩带蜂的幼虫　彩带蜂的卵

在每粒彩带蜂的卵上都趴着一只芫菁幼虫。

能解开这个谜团吗？

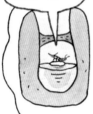

芫菁的幼虫究竟是怎样偷偷潜入密封的蜂房里的呢？

的确是个密室谜团。

嗯——

名侦探法布尔

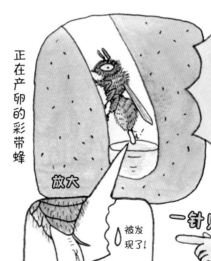

正在产卵的彩带蜂

放大

被发现了！

我明白了！一定是趁彩带蜂产卵时偷偷爬上去的。

一针见血

芫菁

危险而复杂的成长历程

趴在彩带蜂蜂卵上的芫菁幼虫，会先刺破卵，"咻咻"地吸食卵中的汁液。卵逐渐干瘪、变薄，最后只剩下一张干巴巴的卵皮，就像是被抽干了空气的橡皮船。芫菁的幼虫不会游泳，所以彩带蜂的卵皮就成了它的"救生艇"。

芫菁幼虫吸干了彩带蜂蜂卵中的汁液后，会变得很大，之后会经历第一次蜕皮。蜕皮后，幼虫的身体会发生巨大的变化，简直就是大变身。它的背部变得挺直，腹部隆起，可以浮在蜂蜜上了。

这时候的幼虫已经不需要"救生艇"了，它自己就像一艘小艇。此时的幼虫才第一次放开肚子，大口大口地吞食储量丰富的蜂蜜。

芫菁幼虫俨然进了天堂。整天吃了睡，睡了吃，什么事情都不需要做。

就这样，吃光了蜂蜜后的芫菁幼虫，变得更肥大，然后化成蛹，最后长为成虫。

从芫菁把卵产在彩带蜂蜂巢入口，到卵最终变为成虫的过程，可以看出芫菁幼虫的生存形态是极其复杂的。为什么芫菁要让幼虫冒如此大的风险呢？

事后，我观察了斑蝥的生长过程，发现斑蝥和芫菁的幼虫都会踏上同样危险的旅程，只有幸存下来的幼虫才能变为成虫。斑蝥和芫菁果然是同类啊。

在芫菁产下的 2000—4000 粒卵中，最终又有多少能够幸存下来呢？如果在彩带蜂产卵的瞬间，斑蝥和芫菁的幼虫没能爬到卵上，那么它们的生命也就结束了。能够幸存下来并长为成虫的，就像抽签中签一般幸运。

另外，幼虫在不同阶段吃的食物也不一样。刚孵化的芫菁幼虫只吃刚刚产下的蜂卵，而不会去吃彩带蜂的幼虫和蜂蜜。芫菁需要先吸足彩带蜂的卵的汁液，完成蜕皮后，才能吃蜂蜜。这个过程真是不可思议啊。

芫菁的幼虫趴在彩带蜂的蜂卵上吸食卵中的汁液。

虫卵成了"橡皮艇"。

咻咻

轻轻漂浮

吸光虫卵的汁液后……

蜕皮之后，芫菁幼虫的身体发生巨大的变化，就不会再溺水了！！

简直就是一艘小艇

浮在蜂蜜上尽情享用。

天堂啊。

咕嘟咕嘟

轻轻漂浮

很特别吧！

吃光蜂蜜后，芫菁幼虫会变得更肥大，然后化成蛹，最后变为成虫。

但是，为什么要选择这么复杂的成长历程呢？

在彩带蜂的蜂巢中，芫菁幼虫自出生就要经历各种危险，真是不可思议！

芫菁

花金龟① "荒石园"的春天

我家的庭园"荒石园"位于法国南部，不是我夸口，这里非常宽敞，溜达一圈也要花掉半个小时。其实，为了买下这块地，我没少操心。

园子四周有围墙，入口处有一条通往实验室的小路，两侧长满了紫丁香。从路边延伸出来的丁香花枝形成了一个芳香扑鼻的花拱门。

春天紫丁香花盛开的时候，那些冬天时蜷缩不动的昆虫们就都飞出来了，聚集到紫丁香花的周围。看来谁都想吸点儿花蜜解解馋呢。

更有一些肉食性昆虫，如金环胡蜂和马蜂，也逐渐聚拢过来。它们是为了捕捉聚集在这里的昆虫。

不过最引人注目的还是蝶类，金凤蝶、钩粉蝶、孔雀蝶、荨麻蛱蝶……这些在日本北海道或长野县常有的种类，在法国南部也比较常见，因为这两地的气候条件十分相似。

欧洲熊蜂和木蜂也会来凑凑热闹。穿梭在花丛间、体形很大的花金龟金光闪闪的，看起来很有金属感。它们飞得很快，刚刚还在"呼呼"地扇动翅膀飞舞，这会儿就一头钻进花丛中，拼命地吸食花蕊中的花蜜了。

花金龟吸食花蜜时非常专注，轻而易举就能抓住它们。

我的女儿安娜特别喜欢花金龟。她把金花金龟抓起来，一只只放到纸箱里。

然后她请哥哥保罗帮忙，在金花金龟的腿上绑上线。那些腿上被绑了线的金花金龟们，在安娜的头顶上飞来飞去。

其实，我小时候也经常这样绑着花金龟玩，它们会像小直升机一样飞来飞去。

认识各种金龟子

你们当中有不少人认识金龟子吧? 我们在生活中最常见的金龟子是小青铜金龟那样背部呈绿色的种类。但其实大多数的金龟子是栗色、深咖啡色、黑色的, 比如大栗鳃角金龟和黑鳃金龟。

那么, 大家认识花金龟吗? 日铜罗花金龟就是一种花金龟, 它的身体泛着金属般的光泽。

在阳光和煦的季节跑去野外, 经常能看见日本东方白点花金龟、小青花金龟落在毛当归的白色花朵上吸食花蜜。有时, 它们也会跑到我家院子里的紫丁香花上, 那样子就像钻进了花里一样。

花金龟与金龟子虽然是相近的种类, 但花金龟左右两侧的翅膀外缘有些内凹, 而金龟子的背部是溜圆的。

若是抓住它们抛向空中, 会怎么样呢?

几乎所有的金龟子都直接掉在了地上。但是, 花金龟却从身体两侧展开透明的薄翅, "嗡"的一下飞走了。就飞行本领来说, 还是花金龟比较在行。

金龟子要先向两侧展开背上的鞘翅, 再慢慢伸开下面的翅膀。飞行时也毫无章法, 好像不知会飞向哪里。

接下来, 问题来了。

大家觉得, 很多人喜爱的独角仙会是谁的同类呢? 是花金龟还是金龟子? 好好思考一下吧。

花金龟

花金龟③　白天活动，还是晚上活动？

　　我在上一篇提出的问题，大家已经有答案了吗？和独角仙相近的种类到底是花金龟还是金龟子呢？正确的答案是金龟子。

　　到了夏天，抓只独角仙，观察一下它的飞行方式吧。首先，独角仙会抬起它背上坚硬的鞘翅，将下面的透明翅膀从两侧伸展出来，然后"嗡"的一声，发出响亮的振翅声后起飞。这种起飞方式与金龟子一样，它无法像花金龟那样一下子飞起来。

　　也就是说，独角仙是一种有角的特大型金龟子。

　　其实在世界范围内，独角仙也是赫赫有名的威武甲虫。只可惜我的故乡法国并不产这种甲虫，而是有一种名叫"犀角金龟"的小型甲虫。这种甲虫的雄性长着犀牛角一样的角，所以才会有这样的名字。

　　话说回来，你们如果饲养独角仙就会发现：每到晚上，饲养盒里就会传出"扑扑"的振翅声，这是它在试图飞出来；白天它却老老实实地待着，一动不动。

　　是的，独角仙就是晚上活动的夜行性昆虫。一到晚上，它会跑去栎树林中频繁活动，还会为争夺吸食树汁的好地盘和锹甲一较高下。

　　金龟子也是夜行性昆虫，一到傍晚，它们就开始活动，在街灯处可以看到它们聚集的身影。但花金龟是白天活动的昆虫。

　　就像蝴蝶和飞蛾，蝴蝶在天亮的时候活动，飞蛾则在天黑的时候活动。虽然它们的活动时间不同，但其实是两类很相近的昆虫。

　　也就是说，花金龟与金龟子的关系，类似蝴蝶和飞蛾之间的关系。

　　另外，白天活动的蝶类和花金龟，以颜色鲜艳的居多；而晚上活动的蛾类和金龟子，大多颜色比较单一。

美味的树汁在哪里？

嗡嗡

犀牛角？

法国有一种名叫"犀角金龟"的甲虫。

答案揭晓

独角仙是和金龟子相近的种类，它们都是夜间活动的昆虫。

白天活动

翩翩起舞

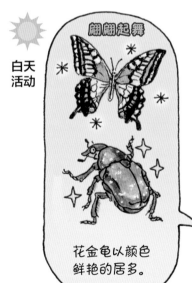

花金龟与金龟子的关系，类似于蝴蝶和飞蛾之间的关系。

低调

夜间活动

花金龟以颜色鲜艳的居多。

金龟子以颜色素净的居多。

花金龟

幼虫的食物

春天到了，樱花盛开。可还没开多久，就一下子凋零了。

尽管樱花因品种不同，花期长短也不同，但花儿凋谢的时候都会长出新芽。毛毛虫就喜欢啃食这些新长出来的绿叶，这些树叶会给它提供营养。

绿叶在阳光的照射下，制造出树木赖以生存的养分。当秋天来临时，树叶纷纷掉落，变成了枯叶。

大家觉得枯叶在接下来的日子里会发生什么变化呢？堆积在地面的落叶，在各种细菌的作用下，开始腐烂。我们把枯叶在土壤中经微生物分解发酵后形成的营养土叫作"腐叶土"或者"腐殖土"，它们是草木的优质肥料。通过这样的转换，地球上的物质得以不断循环。

还有一些以腐叶为食的昆虫，花金龟幼虫就在其列。

"腐烂的树叶，应该不好吃吧！"大家可能会这么想，可是花金龟幼虫却把它看作至宝，因为这样的叶子能让它们茁壮成长。

世上的任何东西，都有被利用的价值。即使是公园里的落叶，扫在一起直接烧掉，也太过可惜。

而花金龟的成虫是以花蜜和水果为食。

像法国的金花金龟，在春天会放开肚皮大吃特吃，到了夏天还要夏眠。到了秋天天气渐凉的时候，它们会再次醒来，开始吃起水果，但此时的食欲已大不如前。到了冬天，就继续睡觉过冬。真是爱吃爱睡的典型啊。

到了第二年初夏，花金龟会交尾产卵。

雌花金龟会在腐烂的枯叶中，产下一粒粒小乒乓球似的白色虫卵。小幼虫从虫卵中孵化出来后，会大口啃食腐叶。

雌花金龟是怎么知道幼虫喜欢吃腐叶的呢？

比起泥土，我还是喜欢吃花蜜和水果。

水果可好吃了。

枯叶堆积在地面，渐渐腐烂。

变成一种名叫"腐叶土"的营养土。

吃饱喝足的金花金龟会经历夏眠和冬眠，并在一年后产卵。

但是，明明父母不吃腐叶，怎么知道我们孵化出来后要吃腐叶呢？

我们幼虫最喜欢这样的土壤。

轻轻跳跃

看起来很好吃!

从虫卵中孵化出来的幼虫大口嚼着腐烂后的枯叶，渐渐长大。

花金龟

幼虫和虫茧

花金龟的幼虫与独角仙的幼虫十分相似，都是白白胖胖的蛆虫模样。

找到独角仙的幼虫后，我对它们进行了细致观察。

首先是头部，独角仙的幼虫有两根大牙似的大颚，靠着这对大颚来嚼碎枯叶的纤维；还有六条细细的腿；腹部肥大，里面透出浅黑色，可能是粪便的颜色。

独角仙幼虫和花金龟幼虫，最大的不同在于背部。

花金龟幼虫的背部长着强壮的肌肉和刷子一样的毛，甚至可以仰着用背部走路。

花金龟幼虫会一直不停地吃，然后过冬。到了5月，吃得白白胖胖的幼虫，会结出硬壳般的球形虫茧。

那么，让我们来窥探一下虫茧内部吧。

我用刀片将虫茧切出一个窗户似的小口子，发现虫茧的内侧非常光滑，像打磨过一样。这个褐色的虫茧是由什么物质构成的呢？

虫茧表面附着一颗颗小凸起。我明白了，这些凸起应该就是幼虫干硬了的粪便。

此外，幼虫会把身边的东西收集起来，再用腹中新产生的黏糊糊的粪便当作"水泥"，把这些东西做成硬壳。

我试着给幼虫提供了一些纸片和小粒的香芹种子、萝卜种子。结果，花金龟幼虫用这些材料做出了一个漂亮的虫茧。如果我给幼虫一些细小的玻璃串珠，没准儿它能做出更漂亮的虫茧呢。

我试着在这个虫茧上开了一个小洞，结果幼虫马上用脚做出了粪球，然后用头顶着粪球把洞填补上。没见它走路的时候用过脚，却在修补虫茧时用上了，当真有趣呢。

到了6月，沉睡在虫茧中的幼虫羽化，成虫出壳，朝着光亮飞去，然后与同伴一起不停地吃啊吃，过着愉快的日子。

你们长得还真像啊！

论个头大小，我可不输谁。

独角仙的幼虫

但你不能用背部走路吧。

嘿呦嘿呦

花金龟的幼虫

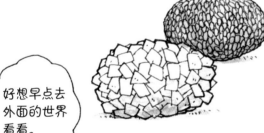

花金龟的虫茧，是把粪便当作"水泥"，再和收集到的物质黏合后做成的。

好想早点去外面的世界看看。

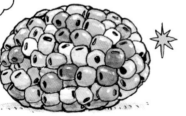

脚是在这种时候才派上用场的。

谁开的洞！

修补

除了碎纸、蔬菜种子可以做成茧，也许用玻璃串珠还能做个"串珠茧"呢。

花金龟⑥　世界上的巨型甲虫

之前我们一直在谈论花金龟和金龟子的话题。虽然它们都是甲虫，但在身体形状和习性方面存在着诸多不同。

像法国的金花金龟、日本的小青花金龟和日铜罗花金龟的体形都不大。金龟子、小青铜金龟也与花金龟的大小差不多。然而在与金龟子相近的独角仙中，就有体形特大、特别威武的种类。

世界上还有更大的甲虫，如中南美洲的长戟大兜虫、毛象大兜虫，东南亚的高加索南洋大兜虫和亚特拉斯南洋大兜虫。

无论上述哪种甲虫，都力大无比，分量很重。如果把它们放在手上或是装到衬衣兜里，甲虫的爪会嵌入肉中，弄得人生疼，还很难取下来。

它们都属于热带甲虫。我们来看看地图吧。除中南美洲和东南亚以外，还有哪里属于热带呢？

澳大利亚是没有巨型甲虫的，那么就只剩下非洲了。

在非洲中部的大森林里，栖息着一种名叫大王花金龟的巨型甲虫，它的体长超过10厘米，是一种在白天飞行时会发出响亮振翅声的巨型花金龟。

大王花金龟不仅成虫很大，幼虫的个头也不小，它们以大树中腐朽的褐色木屑为食。长大后的成虫还会散发出特殊的香味。

幼虫要茁壮成长，就需要吃大量的木屑。

因此在大王花金龟栖息之处，方圆几米之内必须有大量内部腐烂的大树，才足以养活它们。

但是现在，即便是非洲的森林也遭到了大肆砍伐。大王花金龟的生存受到了威胁。

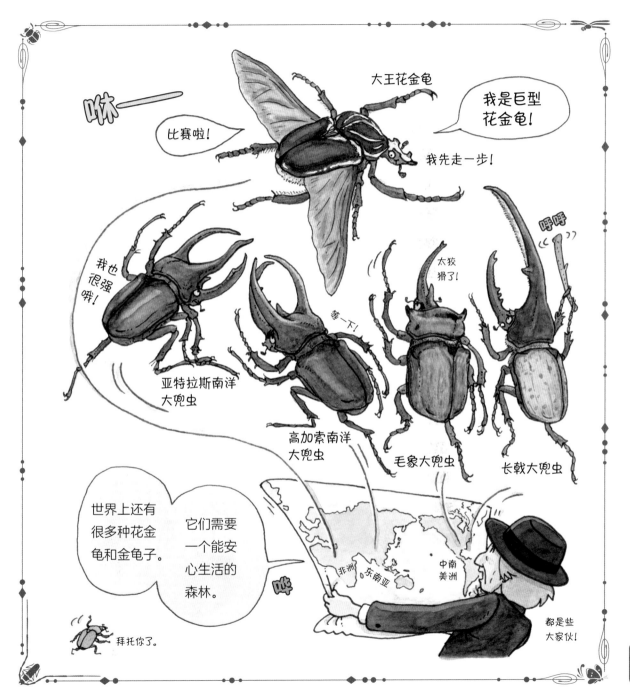

壁蜂① 卡庞特拉小学的往事

每年到了天气晴好的 5 月，我都会回忆起那段往事。

当年我 18 岁，刚从法国南部的阿维尼翁师范学校毕业，在卡庞特拉镇当小学老师。我们平时在光线不佳的教室里上课；等到天气晴朗起来，我就把学生们带到野外，让他们练习实地测量。

所谓"测量"，就是利用仪器弄清楚土地的面积和形状。这要求学生会使用仪器，还要具备一定的数学知识。我们来到市郊满是石块的荒地，在那里竖起一根棍子当作标杆，然后用一种名叫"经纬仪"的类似望远镜的仪器进行观测。就是这样来测算土地长度和面积的。

可是事与愿违，学生们在上课过程中散漫地干起了自己的事。

明明竖起了杆子，可走向对面的学生们却突然在中途止步，他们或蹲下或环视四周，好像在搜寻石块。

我凑了过去，一边叱责道："怎么回事！你们到底在干什么？"一边收缴了学生们手中的石块。

"这是什么东西？"

学生们告诉我，他们在这一带的荒地上找到了很多筑在大石头上的蜂巢。

那些蜂巢是用泥土筑成的，里面存储了很多花蜜。学生们在蜂巢顶部开了个洞，把麦秆当作吸管，插入其中吸食花蜜。

"哦，这个泥团就是蜂巢吗？什么味道的？让我也尝一下！"

说着，我便用麦秆吸管吸了起来。

"嗯，这个很好喝呢。"

虽然这种蜂蜜有点特别，不过还是很甜很好喝的。

学生们以为我会狠狠地批评他们，但一看到我喝蜂蜜时享受的样子，都放下了那颗悬着的心。

"好吧，实地测量下次再做。大家先一起找蜂巢吧！"

自从学生们告诉我那种会修筑奇特蜂巢的野蜂后，我就一直想更多地了解它们。这种野蜂和熊蜂很像，体毛很多，身体圆滚滚的，翅膀呈深紫色。

尽管我很想学习这种蜂的知识，但当时身边并没有熟悉昆虫的学者。

于是我跑去卡庞特拉镇上的大书店，搜寻可供参考的书籍，在那里找到了一本又大又厚的《节肢动物志》。所谓"节肢动物"，指的是虾、蟹、蜘蛛、蝎子等一类生物。

这本书的价格高得吓人，足足花掉了我当时一个月的工资。

因为买了这本书，我不得不过起了节俭的生活。我会少吃一顿午饭，却如饥似渴地读这本书。

虽然读书不能填饱肚子，但我的心灵得到了滋养。就这样硬撑了下来。

我很担心自己上课时肚子会"咕咕"叫起来。如果让学生知道老师饿肚子，是件很丢脸的事。

读了这本书之后，我才知道世上还有"昆虫学"这门学问。当时，如果不是有钱人或者有一定身份的人，是学不了这门学问的。

也是在那时，我知道了雷奥米尔、弗朗索瓦·胡贝尔、莱昂·迪富尔等伟大昆虫学家的名字。

而且，我还从这本书上了解到这种蜂的相关知识。

在这一带，好像有两种同类型的野蜂。一种是在石墙或圆石头上筑巢的红壁蜂，还有一种是棚檐壁蜂。

棚檐壁蜂的体形比红壁蜂要小很多，它们喜欢在农家的仓库屋檐下扎堆筑巢。

我决定研究一下这些壁蜂。

有一天，法布尔老师花了一个月的工资，买了一本价格昂贵的书。

打开

只要能在学问之路上有所进步，就算节衣缩食，心灵也是丰盈的！

找到啦！

《节肢动物志》
19世纪的昆虫学书籍，书中有大量精美插图。

肚子饿得"咕咕"叫。

如果在上课时被学生察觉我饿着肚子，会很丢人。

据该书记载，这一带生活着两种同类型的野蜂。

砌墙我最拿手了！

用"抹刀"抹抹抹

我们都是砌墙高手！

棚檐壁蜂

在仓库屋檐下扎堆筑巢。

红壁蜂

在石墙或圆石头上筑巢。

壁蜂

筑巢的方法

我们来一起看看红壁蜂是怎么筑巢的吧。

首先，红壁蜂会找一块适合做蜂巢基座的圆石。选定之后，它会飞去远处，不过一转眼工夫，又会带着小土球回来。

这些小土球是用街道上收集到的尘土和唾液混合在一起做成的，里面掺杂着黏土、石灰质土壤和沙子。

红壁蜂在干燥的细腻粉尘中，混上自己的唾液，之后唾液会被尘土吸收。接着，唾液中的蛋白质就会让泥土变得像水泥一样坚硬。变硬后的泥土即便受到雨淋，也不会散开。

下一步，红壁蜂会用它的"牙齿"（也就是大颚）以及前肢，把准备好的"水泥"材料塑成甜甜圈一样的形状。

红壁蜂会在"水泥"的外侧，镶嵌上一颗颗豆子大小的方形沙粒，看起来很像城堡的石墙。

就这样，在第一个"甜甜圈"上一个接着一个叠上其他"甜甜圈"。

最后垒到2—3厘米高时，会围成一口井的模样。

沙粒之间填满了"水泥"，做成的蜂巢就像一个坚固的容器。虽然外侧镶满了沙粒，显得凹凸不平，不过内部还是挺光滑的。

这样当幼虫在蜂巢内孵化出来时，光滑的内壁可以保护皮肤娇嫩的幼虫不受伤害。

蜂巢的围墙一完工，红壁蜂就会飞出去采集花蜜和花粉。

这个时期正值金雀花盛开，河边到处都是黄色的花朵，所以红壁蜂采集花蜜并不会很辛苦。

红壁蜂有一个采集花蜜的特殊胃囊，名叫"嗉（sù）囊"。

红壁蜂用花蜜填满嗉囊后，会飞回蜂巢。然后将嗉囊中的花蜜全部吐到蜂巢中，同时抖落沾在它腹部和腿上的花粉。

红壁蜂就是这样勤勤恳恳地为幼虫储备食物的。

让我们来看一看红壁蜂的筑巢方法吧。

我就在这里筑巢吧。

这块石头不错！

"啪嗒"一声落在石头上。

走来走去

红壁蜂找到用来筑巢的作为地基的圆石后，就开始动工。

用混合唾沫的土球垒成甜甜圈的形状。

这是为幼虫准备的食物。

蜂巢内壁需要磨光滑。

啪嗒啪嗒

蜂巢的横断面

一旦做好了蜂巢的围墙，红壁蜂就会在里面储存采集来的花蜜和花粉。

壁蜂

艰苦的筑巢工程

红壁蜂用"水泥"筑好容器状的巢穴后，还要在遍地开花的原野和蜂巢间往返多次。

等到红壁蜂在蜂巢中囤积的花蜜和花粉有一半多的时候，经过充分搅拌之后，就可以作为幼虫的食物了。

随后红壁蜂会产下一粒卵，并把蜂巢封起来。当然，封闭蜂巢时也用的是自制的"水泥"。仅是完成这些工作，就需要两天。

接着，它会紧挨着第一个蜂巢，开始筑第二个。然后再筑第三、第四、第五个……就这样，最多的时候可以一连筑上十个。

红壁蜂会在每个建成的蜂巢中各产一粒卵。

过不了多久，每个蜂巢里都会孕育出一只幼虫。它要在里面度过酷热的夏天和寒冷的冬天。

如果把蜂巢筑在荒原或是河滩边的石头上，待在里面的幼虫又会面临怎样的考验呢？

夏天，蜂巢里会像蒸笼一般酷热；秋季的雨天，蜂巢外侧的"水泥"可能被雨水冲刷掉；冬天的严寒可能会使蜂巢冻裂，甚至完全裂开。

所以，红壁蜂还会用泥土把一个个独立的蜂巢再统一包裹起来。

完工后的集合蜂巢，只有对半切开的橘子那样大，乍看之下，就像是一个泥团摔在了石头上。

等到"泥团"干透了，这只"水泥橘子"就会变得硬邦邦的，异常坚固，只能用小刀切开。

这样做成的蜂巢不仅不会渗水，还能保护壁蜂的幼虫免受酷热和严寒。

不过话说回来，这么辛苦的筑巢工程，都是由雌蜂独立完成的。你可能要问，那雄蜂在干什么呢？雄蜂游手好闲，根本不去帮忙。

在昆虫的世界中，尤其是在蜂类中，大多数的雄蜂注定属于"懒汉"。

来看看筑巢工程的续篇。

要好好长大哦！

哦！

一个接一个地做下去！

急急忙忙

当花蜜和花粉囤积到一定量后，红壁蜂会产下一粒卵，再把蜂巢封起来。

一个蜂巢做完后，红壁蜂还会在它的旁边筑另外的蜂巢。

这样，无论是严寒酷暑，还是刮风下雨，都不用怕了。

非常坚固！

咚咚

雌蜂所做的一切真了不起。

不过雄蜂大多都是懒汉！

的确如此！

最后，雌蜂用"水泥"把排列在一起的蜂巢全部包裹住。

壁蜂

幼虫羽化后能从蜂巢中脱身吗？

红壁蜂的幼虫是在非常坚固的"水泥"蜂巢中长大的，当它羽化之后，能从如此坚硬的蜂巢中脱身而出吗？

18世纪的昆虫学家迪阿梅尔曾做过这样的实验。

他把有蜂蛹的红壁蜂蜂巢放到玻璃瓶中，之后用纱布封住了瓶口。结果，羽化后的红壁蜂靠着强健的大颚，突破了无比坚固的蜂巢顶部，成功跑到了外面。

不过让人意外的是，红壁蜂并没有想要去弄破罩在瓶口的纱布，就这样死在了玻璃瓶中。

因此我猜想，红壁蜂的大颚能咬碎坚硬的物体，却没法弄破纱布一般柔软的东西。另外，红壁蜂一旦出了巢穴，就算还有玻璃罩着，或许它也认为自己已经到了外面。

那好，我就重新来做个实验。

我把红壁蜂的蜂蛹从蜂巢中取出来，一个个地塞到了芦苇筒中。然后，分别用三种不同的材料把筒口封住。

① 黏土（干了会变硬）

② 植物茎

③ 剪成圆形的纸

我用大玻璃瓶把这些封了口的芦苇筒罩上，结果每个芦苇筒里的红壁蜂都成功冲破了封口，神气地跑到芦苇筒外面来了。

如果改变条件，结果会怎么样呢？

这次，我在蜂巢上部贴了一张贴合蜂巢形状的纸。

结果，红壁蜂轻而易举地破纸而出。

接下来，我又在蜂巢上罩了一个圆锥形的纸罩子。结果，突破蜂巢后的红壁蜂根本没有要弄破纸罩的意思，直接死在了里面。

对于红壁蜂而言，咬破一张纸不在话下，可它在冲破"水泥"蜂巢顶部后，似乎就已经完成任务了。看来，红壁蜂离开蜂巢的努力，一生只会做一次。

根据昆虫学家迪阿梅尔的说法，羽化后的红壁蜂可以咬破坚硬的蜂巢顶部，跑到外面来。但它们不会弄破罩在瓶口的纱布，最后死在了瓶子里。

这里己经是外面了吧？

难道红壁蜂的大颚无法弄破柔软的材料？

难道红壁蜂把玻璃瓶内部当作外面了？

再做个实验试试！

实验①

这种盖子，还不足以让我们手忙脚乱！

啃啃

黏土　　植物茎　　纸

每个芦苇筒中羽化后的红壁蜂都成功冲破了罩子，跑到外面来了。

实验②

出来啦！

实验③

真是奇怪！

贴了一张和蜂巢形状完全贴合的纸，结果红壁蜂轻而易举地破纸而出。

在蜂巢上罩了一个圆锥形的纸罩子，结果红壁蜂没有咬破它，直接死在了里面。

原来红壁蜂弄破蜂巢到外面去的行动只能有一次啊。

壁蜂

壁蜂⑥ # 棚檐壁蜂

这回让我们来观察另一种壁蜂——棚檐壁蜂的筑巢方式吧。

棚檐壁蜂筑巢时，会直接利用人类建成的房屋。它们会在农家的屋檐下方扎堆筑巢。

虽说是扎堆，却不会像蜜蜂或者金环胡蜂那样分出蜂王或者工蜂。每一只棚檐壁蜂既是蜂王，也是工蜂。只不过是大家都想选择适合筑巢的屋檐，碰巧聚在了一起而已。

棚檐壁蜂收集筑巢材料的地点与红壁蜂一样，都是车水马龙的街道。

街道上，石灰质的石头被马蹄踩到或被马车车轮碾过后，碎成了细细的粉末。棚檐壁蜂会在这些粉末中混入自己的唾液，做成"水泥球"，再带回来筑巢。

棚檐壁蜂的数量众多，它们交错飞舞的景象很值得一看。

成千上万只棚檐壁蜂在街道和农家仓库之间飞来飞去，它们的飞行速度极快，"咻咻"穿梭于其间，在空中画出了一道道痕迹。

就这样，带着"水泥球"回来的棚檐壁蜂把巢筑在了屋檐下，而不是河滩的石头上。

几十年的时间里，壁蜂们会陆续飞到同一处屋檐下筑巢，看上去就是在蜂巢上筑蜂巢，重重叠叠。到了最后，整个蜂巢就成了一块巨大的"石头"疙瘩。

农家仓库的梁柱越来越无法承受它们的重量，可能在某一天轰然倒塌。

既然棚檐壁蜂的蜂巢那么多，那我就用其中一个来做实验吧。

换作是你们，会拿蜂巢做什么实验呢？反正实验材料是要多少有多少啦。

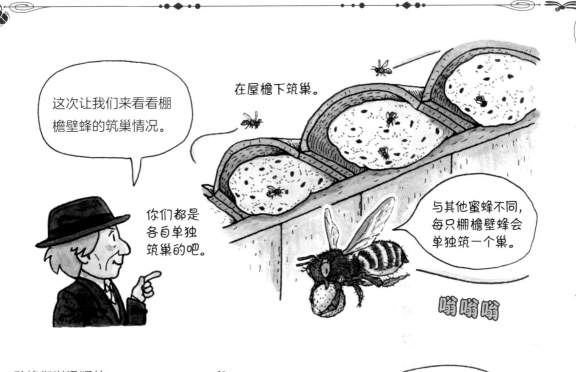

这次让我们来看看棚檐壁蜂的筑巢情况。

在屋檐下筑巢。

你们都是各自单独筑巢的吧。

与其他蜜蜂不同，每只棚檐壁蜂会单独筑一个巢。

嗡嗡嗡

壁蜂们以迅猛的速度在蜂巢和街道间来回往复，搬运筑巢材料。

飞来

飞去

既然有这么多蜂巢，就让我取一个来做实验吧。

我们在这家屋檐下筑巢已经有好多年了。

咯吱咯吱

重得连仓库都快倒塌了。

壁蜂

壁蜂⑦ 能从远方找到归巢之路吗？

蜂类天生具有归巢的能力，就算它飞去遥远的地方采集花粉和花蜜，也能准确无误地飞回家。

我抓了40只棚檐壁蜂来做实验，在离家4千米远的艾格河的河滩把它们放飞，想看看它们能否准确无误地找到归路。

我给每只棚檐壁蜂都做了记号。棚檐壁蜂不仅体形小，还很好动。我得用手指按住它的身体，再用麦秆尖蘸上白色粉笔灰，在蜂背上做标记。

"喂喂，你们倒是安静点呀！"我这么说，可虫子哪里会听得懂呢。每当我的手指被它们蛰到时，都会感到一阵阵的疼。而且，有时我一不留神用力过猛，还会弄伤棚檐壁蜂。

所以当我把它们带到河滩边放飞时，原本活力十足的40只棚檐壁蜂，就只剩下20只了。

另一方面，我的女儿阿格莱也已在仓库墙边架好了梯子，等待着它们的归来。棚檐壁蜂们就是在这个仓库的屋檐下筑巢的。

我从河滩边回来的时候，突然刮起了狂风。这对于准备归巢的棚檐壁蜂来说，是一股强劲的逆风。棚檐壁蜂知道家所在的方向吗？真让人担心啊。

我一回到家，涨红了脸的阿格莱就兴奋地对我说：

"爸爸，有两只已经飞回来了！两只都是2点40分飞回来的。它们的肚子上还沾满了黄色的花粉呢！"

我放飞棚檐壁蜂的时间是下午2点，也就是说，4千米的路它们只花了40分钟就飞回来了。

而且它们的肚子上还沾满了花粉，这就说明，它们在回来的途中顺道采集了花粉和花蜜。

傍晚时分，又飞回来了3只棚檐壁蜂。到了第二天，飞回来的棚檐壁蜂增加到15只。

棚檐壁蜂能在逆风的条件下，从未曾去过的地方准确无误地找到归路并安全抵达，能力实在是太强了！

实验准备充满艰辛。

好痛! 手被蜇到了◑

啥东西?

在离家 4 千米远的地方放出蜂群。

快,大家快回家吧!

回家喽!

20 只棚檐壁蜂神采奕奕地飞走了。

我在棚檐壁蜂的背上做了白色标记。

蜂群能准确无误地回家吗?

回家啦!

?

嗡嗡嗡

女儿阿格莱在仓库屋檐下的蜂巢前等待着蜂群的归来。

我回来了!

它们太厉害了,爸爸。有两只棚檐壁蜂只花了 40 分钟就飞回来了。

到次日为止,一共有 15 只棚檐壁蜂回到了蜂巢。

壁蜂能够准确无误回到蜂巢,真是太厉害了。

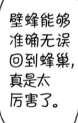

并且是逆风飞回来的。

壁蜂

壁蜂⑧ **移巢实验**

红壁蜂会在河滩边的圆石头上筑巢，所以只要搬走那些做地基的石头，就可以改变蜂巢的位置，这非常适合做移巢实验。

首先，我趁红壁蜂不在家的时候，把搭建着蜂巢的圆石头搬到了距离原蜂巢两米远的地方。那个地方寸草不生，蜂巢放在那里格外显眼。

几分钟后，蜂巢的主人回来了，它径直飞向了原来蜂巢所在的位置。当然，蜂巢已经不在那个地方了。

红壁蜂在空无一物的原蜂巢位置的上空慢慢盘旋着，最后降落到了地面上。然后，它在原地踱来踱去，寻找着蜂巢，仿佛在嘀咕："太奇怪了，我明明把巢筑在这个地方了呀……"

好几次它都要飞走，可又马上飞回来，继续在同样的地方搜寻，好像认定了蜂巢只可能在这个地方。它不停地来来回回，寻寻觅觅，持续了好长一段时间。

其实，在它来回寻巢的那段时间里，曾多次看到过自己那个被搬到别处的蜂巢，甚至还从其上方飞过，距离不过区区几厘米而已。

尽管如此，它丝毫没有前去查看的意思。最后它还是放弃了，飞走了再也没有回来。

如果把移巢的距离缩短到 1 米，红壁蜂有时就会停到蜂巢的新位置上。

它一会儿把头探进尚未完工的蜂巢中查看，一会儿又跑去石头上细细探究，似乎总感觉哪里不对劲儿，最后又回到了原先蜂巢所在的位置。

对于红壁蜂而言，蜂巢所在的位置远比蜂巢本身来得重要。

做完这个实验后的几天，我又前去查看，结果发现那个半成品蜂巢已经被彻底遗弃。看来，红壁蜂再也不会回来了。

红壁蜂能从 4 千米开外的地方平安归巢[*]，却找不到仅被移动 1 米的蜂巢，真是太奇怪了。

* 法布尔也用红壁蜂做过第 86—87 页所述的"归巢"实验。

实验①

红壁蜂的蜂巢移动起来非常简单，做相关实验很便利。

我把蜂巢搬到了距离原蜂巢两米远的地方。

嗡嗡嗡

三过家门而不入

咦，为什么我的蜂巢不见了？

找来找去，就是没有发觉那就是自己的蜂巢。

移动

2米

蜂巢原先的位置

实验②

若把蜂巢移动到距离原蜂巢1米远的地方，红壁蜂有时也会去查看一番。

嗡嗡嗡

这是我筑的蜂巢吗？但是位置不对呀。

最后还是放弃了。

移动

1米

蜂巢原先的位置

对于壁蜂而言，蜂巢所在的"位置"比蜂巢本身更重要！

4千米那么远，都能准确地飞回家！

真是不可思议！

壁蜂

壁蜂⑨ **偷换蜂巢实验（一）**

这次要做的实验，是用别的蜂巢换掉原来的蜂巢。

我用来互换的两个蜂巢，无论是外观还是囤积的花蜜量，几乎一模一样。当然，偷换蜂巢的工作都是在壁蜂外出采蜜、不在家的时候进行的。

首先，我用一个做到一半的蜂巢，替换了另一个尚未完工的蜂巢。

"嗡嗡"飞回来的壁蜂，停在了被调换过的蜂巢上。它干劲十足地继续着筑巢工作。

接下来，我用一个筑好巢壁、储存了少量花蜜和花粉的蜂巢，与另一个情况相同的蜂巢进行了对换。

壁蜂依旧没有察觉，继续专注地囤积花蜜和花粉。

没过多久，我又把原先的蜂巢换了回来，壁蜂还是毫不犹豫地把自己采集的花蜜放进里面。看来，壁蜂并不能分辨哪个是自己筑的巢。

只要蜂巢的位置不变，壁蜂就会拼命完成使命。果然，对于壁蜂来说蜂巢所在的位置最为关键。

如果是外形完全不同的蜂巢呢，结果又会怎么样？我找了两个外形迥然不同，相距1米的蜂巢来做实验。

第一个蜂巢是旧蜂巢的翻修版。在这个蜂巢的顶部有8个小孔，都是成蜂羽化后突破蜂巢时留下的。现在的主人只是重新利用了其中的一个孔。第二个蜂巢是全新的，内部只有一个蜂房，外层也没有再用泥土封顶。

我把这样两个外观完全不同的蜂巢连同下面做地基的石头进行了互换。

大家猜猜结果怎样？

两只壁蜂没有丝毫怀疑，径直飞去原先自己蜂巢所在的位置，在被调换的蜂巢上继续辛勤工作。

它们丝毫没有察觉到蜂巢外形的不同，真是难以置信！

90

这次我试着把蜂巢进行调换。

两个蜂巢惊人地相似。

实验①

我把两个非常相似的蜂巢进行互换。

原先的蜂巢

工作，工作！

替换的蜂巢

不久，我将原先的蜂巢还给了它。

壁蜂似乎完全没有注意到蜂巢已被调换，继续辛勤地工作。

继续我的工作。

嗡嗡嗡

还是没有注意到啊。

看来，壁蜂并不能分辨哪个是自己筑的巢，哪个是其他蜂筑的巢。

实验②

我将两个外形完全不同的蜂巢进行互换。

嗡嗡嗡

总之先工作！

工作，工作！

嗡嗡嗡

相距仅1米

新筑的蜂巢

旧巢的翻新版

两只壁蜂都没有注意到自己的蜂巢已被调包，继续它们的工作。

两个蜂巢的外观差别很大，它们竟然都没有察觉。真是难以置信！

果然对于壁蜂来说，最重要的还是蜂巢所在的位置啊。

壁蜂

壁蜂⑩ 偷换蜂巢实验（二）

我们已经清楚地知道，比起蜂巢的外观，壁蜂更注重筑巢的地点。

不过，壁蜂真的对蜂巢的外观一点儿都不在乎吗？让人难以置信。

于是，我把一个刚开始动工的蜂巢，换成了一个快要完工的蜂巢。

快要完工的蜂巢，不仅已经筑好"围墙"，里面还囤积了大量的花蜜。

我原本以为壁蜂得到一个快要完工的蜂巢，一定会深感幸运，转而丢弃自己辛苦运来的"水泥"，再加一点花蜜，就会产卵、封巢了。没想到，我真是大错特错。壁蜂竟然继续用"水泥"筑巢。

结果，最终完工的蜂巢墙面比普通的蜂巢墙面高出了许多，但没到2倍高的程度。由此可见，它还是做了一些调整。

运来的花蜜也比正常情况少了一些，否则采集来的花蜜，再加上原主人囤积的部分，应该溢出来了吧。

那么，接下来的实验我就反其道而行吧。

我把一个已经砌好围墙并开始囤积花蜜的蜂巢，换成了一个刚刚开始筑的蜂巢。

采蜜回来的壁蜂来来回回飞了好几次，一副非常焦急的样子。这个掉包后的蜂巢就像一只浅浅的酒杯，根本装不了花蜜。

"快点快点，再去取点'水泥'，把蜂巢的围墙筑起来吧！"

可是，壁蜂却一副无能为力的样子。

原来，一旦筑好了蜂巢的围墙，壁蜂就会储存花蜜了。再下一步，它会产卵，并把蜂巢封起来。

我们只能认为，在蜂的脑子里是有固定程序的，它们只能按部就班来筑巢。

昆虫只会一步步遵循本能的指令行事，并不会用头脑来思考问题。

我们已经知道，壁蜂最重视筑巢的地点。

那么，它真的对蜂巢的外观一点也不在乎吗？

 实验①

原来的蜂巢

替换后的蜂巢

我把刚开始筑的蜂巢和快要完工的蜂巢进行调换。

 我怎么觉得蜂巢变高了呢？

结果……

会不会筑得太高了？

继续筑好的蜂巢高度接近普通蜂巢的2倍。

实验②

真头疼！我想装花蜜，结果蜂巢还没筑好！

我明明已经筑好巢了呀……

嗡嗡嗡

昆虫果然只会遵循本能的指令行事啊。

原来的蜂巢

替换后的蜂巢

我用刚动工不久的蜂巢和快要完工的蜂巢进行了交换。结果，替换后的蜂巢装不了花蜜，壁蜂放弃了筑巢工作。

难道不能回到前一道工序吗？

壁蜂

壁蜂⑪ **艾格河滩的圆石头**

大家已经知道，红壁蜂会在河滩边的圆石头上筑巢。

多亏它们在这种石头上筑巢，移巢实验的实施才容易了不少。如果它们把蜂巢建在屋檐下方，就没那么简单了。而且，石头的大小正好适合用手搬，真是挺难得的。

话虽如此，为什么我家附近的艾格河滩会有这么多适合壁蜂筑巢的石头呢？

其实，这些石头都是被上游的河水冲刷下来的。它们原本是较大的石块，在被水流冲击的过程中，逐渐碎裂，被磨掉棱角，慢慢变为圆圆的小石头。

艾格河是法国东南部最大的河流罗讷河的一个分支。如果沿着罗讷河一直往上游走，会越过法国边境，抵达瑞士的莱芒湖（日内瓦湖）。

每当春暖花开，阿尔卑斯山上的积雪融化，雪水会带着石块向法国东南部流过来，最后汇入地中海。

罗讷河流经奥朗日、阿维尼翁等大城市，曾是一条重要的水路。

大家可以看一下本书前面的地图。我居住的地方是法国南部的普罗旺斯地区，而越过地中海，对面就是非洲大陆。所以我家附近也有圣甲虫、欧洲锥螳、黄缘蝥蛱蝶等在非洲常见的昆虫。

法国南部的夏天非常干燥，天气炎热，喉咙容易发干。可天气再热，只要一到背阴处，就会倍觉凉爽和舒适。

不过一到秋天，就会阴雨连绵。有时还会大雨倾盆，引发洪水。

这就是所谓的"地中海气候"。我们这里的冬天虽然非常寒冷，但也不像法国北部的巴黎那样让人难熬。

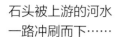

石头被上游的河水
一路冲刷而下……

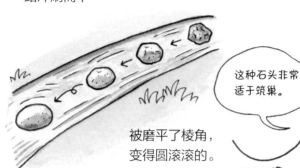

被磨平了棱角，
变得圆滚滚的。

这种石头非常
适于筑巢。

嗡嗡

为什么会有那么多
圆形石头呢?

法布尔老师居住的法国南部地区
有很多和非洲大陆相同或相似的昆虫。

这些动物都生活
在地中海气候的
环境中。

普罗旺斯
的对岸就
是非洲,
隔着一个
地中海。

黄缘螯蛱蝶

欧洲锥螳

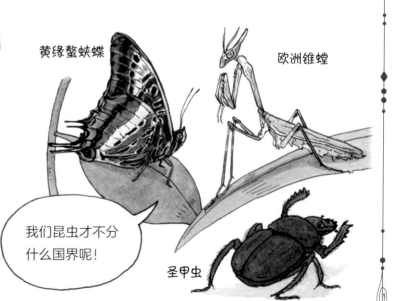

我们昆虫才不分
什么国界呢!

圣甲虫

壁蜂

蜻蜓① **蜻蜓的祖先**

日本有一个古称叫作"秋津岛大和"。这个"秋津"说的就是蜻蜓。日本列岛的形状看起来就像两只连在一起翩翩飞舞的蜻蜓，所以才取了这样的名字。

咦？我不是法国人吗？为什么会对这些事情这么清楚？

因为除了《昆虫记》全10卷，我还编写了100多部教科书和科学论著。其中不仅有我在学校里教授的物理和化学方面的，还有历史和地理书籍。

通常，我会先读书自学，学会了以后，再想方设法用更易于理解的方式把知识介绍给他人。

在我求学的年代，很多学者会刻意用一些晦涩难懂的词（或词句）编书，以彰显自己学识渊博。对于像我这种没钱接受高等教育的人来说，自学起来是非常辛苦的。

于是，为了让下一代读书不那么辛苦，我在编书时会尽量做到简单易懂、具体详尽。

当然，我也因此学到了更多的知识。

言归正传，蜻蜓是一种了不起的昆虫，而且是昆虫中很古老的种类。

被誉为蜻蜓始祖的巨脉蜻蜓，3亿年前就存在于地球上了。如果把它的翅膀完全展开，长度可达70厘米。最早的巨脉蜻蜓化石是在法国一个煤矿中发现的。

话虽如此，与现代的蜻蜓相比，巨脉蜻蜓只是体形庞大，飞行技术方面却不占什么优势。不过，它们是地球上最早的飞行动物。

翼龙开始在空中飞行的时期，已是2亿年前了，比昆虫晚了1亿年。

试想一下，能在天空中飞行是一件多么了不起的事情啊，因为自己成了地面之上广阔空间的主宰。

想必那个时代的巨型蜻蜓，也是摆出一副唯我独尊的姿态，在巨型蕨类植物丛生的原始环境里高傲地飞行吧。

蜻蜓② 翅膀的结构和飞行方式

水边总是飞舞着很多蜻蜓，白尾灰蜻、玉带蜻是比较常见的种类。若是在更大的池塘边，或许还能看见碧伟蜓和大团扇春蜓呢。

如果你找到了适合捕捉蜻蜓的地方，可以带着捕虫网去试试。只要挥网去扑，你就能体会到蜻蜓的动作有多敏捷。特别是碧伟蜓，人们几乎不可能抓住它。它的飞行速度极快，用捕虫网也够不到它。大概碧伟蜓知道捕虫网柄的长度吧。

碧伟蜓就算飞上一天，也丝毫不露疲态，着实让人佩服。夜间，它们会停在草叶上睡觉；到了白天，无论什么时候它们都在不停地飞舞。

能够持续飞行这么长时间的生物，除碧伟蜓，还有善于利用气流的特殊鸟类。

其实，蜻蜓的胸部长着坚实的肌肉，这种肌肉能带动前翅和后翅分开扇动。而且蜻蜓的体态轻盈，扇动翅膀只需要很少的能量。

此外，蜻蜓的身体呈流线型，可以减少空气阻力。还有长长的尾巴来掌控平衡，在控制飞行方向上作用不小。

仔细观察一下蜻蜓的翅膀，可以发现上面有网状的翅脉。多亏这些翅脉中有血液流通，轻巧的翅膀才会柔软而不易折断。而且，翅膀的表面有许多微小的凹凸，可以让蜻蜓很好地利用气流飞行。

最近，人们从蜻蜓的翅膀获得了灵感，制造出了一种小型的发电风车。这种风车虽然转得不快，但发电的效率很高。

像这样，通过模仿生物的身体结构，将其机能原理运用到工程上的方法叫作"仿生学"。"生"是指生物，"仿"是模仿的意思。

蜻蜓在 1 秒钟内要扇动 20—30 次翅膀，并以迅猛的速度飞行。

就算你想要抓碧伟蜓，若是挥网的方式不够高明，它就会"嗖"的一下飞走，轻轻松松避开捕虫网的抓捕。

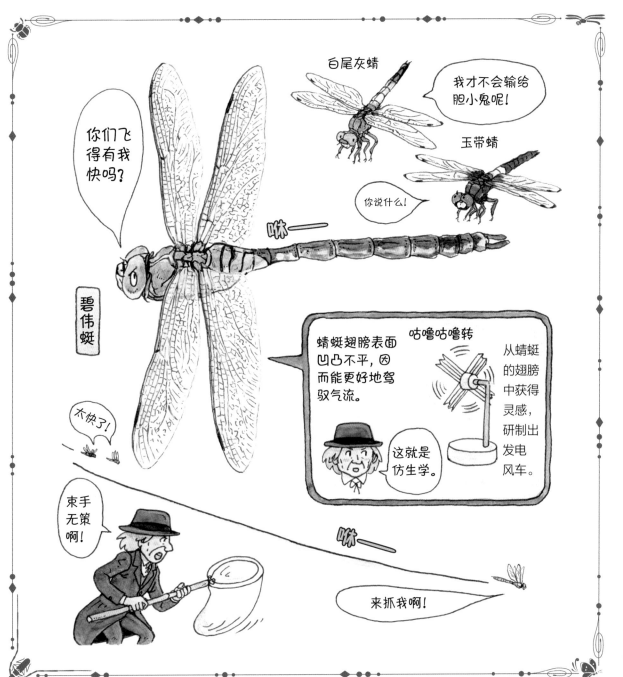

蜻蜓③ 生活在水中的稚虫

蜻蜓在空中自由自在地飞来飞去，捕捉苍蝇、飞虱等飞虫。有时，它们也会把其他蜻蜓、弄蝶、蝉当作猎物，真是一种强大的肉食性昆虫。

但蜻蜓也并非一直都在飞，它飞累了就停在草木上。

蜻蜓的稚虫叫水趸（chài），生活在水中。其实蜻蜓待在水里的稚虫期，远比变为成虫后待在陆地上的时间要长。

蜻蜓成虫的寿命约为1—2个月，当然，寿命长短会因种类不同而各异。相比之下，以稚虫形态生活的时间长达2—3个月的蜻蜓有很多。而日本昔蜓的稚虫要花6—7年才能变为成虫。

水趸的身体呈流线型，能在水中快速移动。它会像喷气式飞机一样，把储存在腹中的水从尾部"咻"的一声喷出来，推着身体向前进。当然，它也能慢慢爬行。

不过，最厉害的还是它的嘴巴。无论是水趸还是蜻蜓，它们的脸都很像戴了护目镜的外星人。不过仔细看看，嘴巴的部分还是不一样的。

水趸也是肉食性的。它的脸部下方长着一个类似折叠式梯子的下颚，一旦发现目标，它便会以极快的速度瞬间伸出下颚。

水趸的下颚前端长着两根尖尖的利牙，能在瞬间捕获蝌蚪、青鳉鱼和蚊子的幼虫孑孓（jié jué）。一旦谁被水趸盯上，那基本是难逃一死。

水趸经过多次蜕皮后，会逐渐变大。像碧伟蜓要蜕皮10次以上，每次蜕皮后，它都会变得更强大，能捕获更大的猎物。

原本在水中生活的水趸，离开水面到空中生活后，呼吸方式也必然发生变化。

一旦做好了充分准备，水趸就会离开水面。然后它会抓住结实的植物茎秆，站稳后开始最后一次的蜕皮。就这样，水趸最终变成美丽的蜻蜓，飞上天空。

蜻蜓的迁徙

有时，人们会在航行在太平洋的船只上，发现停歇在桅杆上的黄蜻。我很惊讶，它们是怎么飞到船上的呢？那可是远离陆地，在太平洋的正中央啊。

黄蜻和秋赤蜻、夏赤蜻非常相似，但要比它们大一圈，翅膀也更宽。黄蜻在蜻蜓家族中是数一数二的飞行高手，就算你想用捕虫网捉住它，它也能轻轻松松地避开。

黄蜻主要分布在热带，世界各地都有它们的身影。

初春时节，黄蜻会从菲律宾和中国台湾地区这些南部岛屿飞去日本，漂洋过海进行迁徙。

4月左右，黄蜻抵达日本四国地区，会在那里产卵。从卵中孵化出来的下一代，在一个月后变为成虫，之后继续向北方飞行。6月左右，黄蜻抵达日本关东地区，稍后到达日本东北地区。

这个时期的日本，正好刮东南季风，黄蜻可以借助风力迁徙。

到了8月中旬中元节的时候，黄蜻会成群结队地飞到日本本州地区。据说，过去的日本人每每看到这种情形，会感叹是祖先的灵魂乘着蜻蜓在中元节回家了。于是，人们赋予它们"精灵蜻蜓"的美称。

这其中或许存在迷信的成分，但认为万物有灵、尊重生命的观念难能可贵。

在四国地区出生并长大的黄蜻抵达北海道的时候，已是当地的秋天了。

如此一来，它们的到来就显得不合时宜了。黄蜻不耐寒，难以度过日本的冬天。从北到南，它们开始逐渐死亡，最后只有栖息在最南端冲绳地区的那一群存活下来。可是到了来年春天，它们的下一代又会飞来。

每年，黄蜻都会重复这样的悲剧。如果将来地球升温，它们的分布区域就会更加广阔。对于昆虫而言，这种"迁徙"可能是让自身得以幸存的策略之一。

蜻蜓居然能够漂洋过海，真是太厉害了！

对于黄蜻而言，日本的冬天过于寒冷，它们很难存活下来。

怎么办？来到北方的时候，天已经凉了。

日本

抵达北海道的时候已是秋天。

黄蜻以世代接力的方式，乘风向北迁徙。

中国台湾

初春，出生在南方岛屿的蜻蜓会飞来日本。

我们怎么飞也不会累。

菲律宾

黄蜻

蜻蜓

蜻蜓⑤ **蜻蜓的种类**

之前介绍的碧伟蜓、黄蜻都是飞行能力很强的蜻蜓，其实在小河边、池塘边还飞舞着一些体形纤细、小巧的蜻蜓。它们身体的颜色非常漂亮，有红色、天蓝色或黄色的。它们就是"豆娘"，在法语中被唤作"demoiselle（千金小姐）"。

观察一下它们的翅膀，会发现四片翅膀的形状完全相同。

比较之后发现，绿胸晏蜓、白尾灰蜻的前翅和后翅的形状却不相同，它们的后翅要比前翅宽很多。

蜻蜓可以分为三大类：

① 豆娘类

② 蜻蜓类

③ 蟌（cōng）蜓类

蟌蜓的外形介于①和②之间，它们生活在日本、中国和喜马拉雅山脉一带，喜欢凉爽清澈的河水。蟌蜓的身上保留着远古时代蜻蜓的一些特征，所以它们还有一个名字，称为昔蜓。

在干燥的地方也有蜻蜓，如位于中东地区的伊拉克、南美洲的阿根廷中部地区。在这些常年干燥的土地上，一场突如其来的暴雨，会造成地面积水。有时暴雨过后，短时间内就会出现大量的蜻蜓。它们都是同一种蜻蜓，据说数量多到可以覆盖整个山头。

但是要不了多久，它们又会一只不剩地全部消失。这说明，在原本干燥的泥土中静伏着大量耐旱的蜻蜓卵，一旦天降大雨，蜻蜓卵就会一同孵化。孵化后的水虿快速进食，在短时间内长大，变成蜻蜓。之后当积水干涸时，它们就会突然消失，踪迹全无。

其实日本也有这种类型的蜻蜓，秋赤蜻就会在秋天收割过的干涸稻田里产卵。这些卵在泥土里度过一个冬天，等到人们来年引水灌溉时，就会孵化。这种蜻蜓的生长周期与人类的农时完全一致。

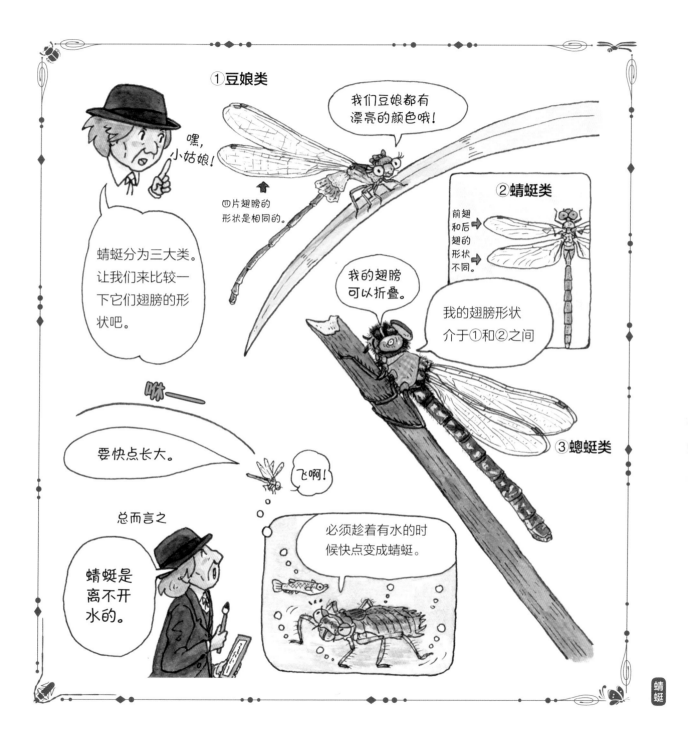

水生昆虫① **龙虱栖息的池塘**

小时候，我最喜欢蹲在家附近的小池塘边观察池中的生物。池塘里有很多生物，别有一番洞天。

池塘里长满了一种名叫"水绵"的绿色水藻，这种水藻的周围活跃着许多生物。

在池塘水浅的地方，时常会聚集一群黑色的小蝌蚪，还有貌似大蝌蚪的蝾螈（róng yuán），也在这里悠闲地游泳。

在池塘水深的地方，游动着一种圆形的黑色大虫，它用后腿划水，就像划桨一样。它就是龙虱。龙虱的身体侧缘有黄边，黑色的身体会在阳光的照射下泛出绿光，看上去就像一艘流线型的潜水艇。

龙虱潜入水底时，在它的鞘翅边缘靠近尾部的地方，可以看到一个泛着银光的圆形物体。

原来，这个圆形的物体就是气泡。龙虱为了在水中呼吸，会将尾端探出水面换气，以增加前翅和背部间的空气存储量。

龙虱的幼虫身形细长，非常凶猛，蝌蚪常常成为它的腹中之物。

龙虱的成虫虽然也是肉食性的，却不如幼虫凶猛。成虫只吃羸弱或死掉的鱼和青蛙。

龙虱就是通过这种方法，让池水始终保持洁净。反之，如果死鱼腐坏，水质污染，池塘就不再是生物们的乐园了。开头提到的水绵，也是通过光合作用，为净化池水贡献着力量。

雄龙虱的前腿呈扁平状，交配时会像吸盘一样，紧紧吸住雌龙虱的背部。

龙虱的种类很多，大多是灰齿缘龙虱、双斑龙虱等小型种类，用个杯子就能在里面养上一段时间。

水生昆虫② **豉甲的进化**

在池塘、湖泊等流速缓慢的水面上，可以看见成群游着的甲虫。它们比龙虱的体形小很多，犹如一颗颗黑亮的豆子。

这些小甲虫的名字叫作"豉（chǐ）甲"。豉甲总是浮在水面上，不会随意潜入水中。

豉甲有两对眼睛，水面上一对，水面下一对。这样可以同时看到水面和水中的情况，是不是很方便呢？

龙虱在水中行进时，用的是桨一样的后腿。而豉甲的前腿又长又发达，用起来就像独木舟的桨。

人类为划船发明了船桨，而龙虱和豉甲却把自己的腿演化成了"船桨"。

同样的，人类为刨土发明了铲子；而蝼蛄却让自己的前腿发达得像一把铲子，有了这把"铲子"，就可以轻松挖出一条长长的隧道。

也就是说，昆虫虽然不会发明工具，却可以改变自己的身体形状以起到类似工具的作用。改变身体以适应生活环境，这也是一种进化吧。豉甲的上下两对眼睛，就是水上和水中的同步镜头。

我曾给大家介绍过螳螂的前肢。螳螂在捕猎的进程中，前肢逐渐演化成镰刀一样的武器。

《彼得·潘》中的胡克船长，不就是在自己的残肢上装了只铁钩吗？螳螂就像他一样，逐渐进化为一种适合战斗的昆虫。

人类和昆虫都是经过进化的生物，只不过两者进化的方向完全不同。

人类保持了原有的身体形态，通过制造工具不断进步。昆虫则是根据需要，通过改变自己的外形，取得了令人惊叹的进化。

当然，昆虫的身体一旦发生了改变，就很难回到原来的样子了。

水生昆虫③　水面上的水黾

和豉甲一样，水黾（mǐn）可以在水面上轻捷快速地游动。

水黾的行动非常敏捷，但如果用捕虫网"啪"的一声拍打水面，顺势从侧面一捞，很容易就能捉住它。

朝网中望去，里面罩着一只纤细瘦弱的昆虫。当长脚向外伸出时，看起来很大，可它的身体其实很纤细。

水是有表面张力的，对于体重非常轻巧的昆虫来说，在水面行走就像走在厚厚的透明膜上一样。

仔细观察水面上的豉甲和水黾，会发现和它们的足尖前端接触的水面有一点儿凹陷，但它们的足绝不会直接插进水中。水黾的足尖上还长了毛，让它可以在水面上行走。

水黾总是浮在水面上，随时等待着猎物掉落。猎物掉在水面时会发生振动，水黾可以凭借水波的振动来作出判断。

人类察觉不到的细微振动，能被它敏锐地捕捉到。水面的波动中隐藏着很多信息。

其实，水黾与蝽是非常接近的种类。它们的口器都像针一样细，可以吸食汁水。它们和蝉也是相近的种类。

抓一只水黾仔细观察，可以隐约闻到一股糖果香味。

水黾时常在降雨后的积水中出现，有时在阳台上的排水槽里也会见到。

一些人想不明白它们是怎样到达这些地方的，其实水黾这种虫子是可以飞的，而且它们还能飞得相当远，所以等你回过神来的时候，它已经消失得无影无踪了。

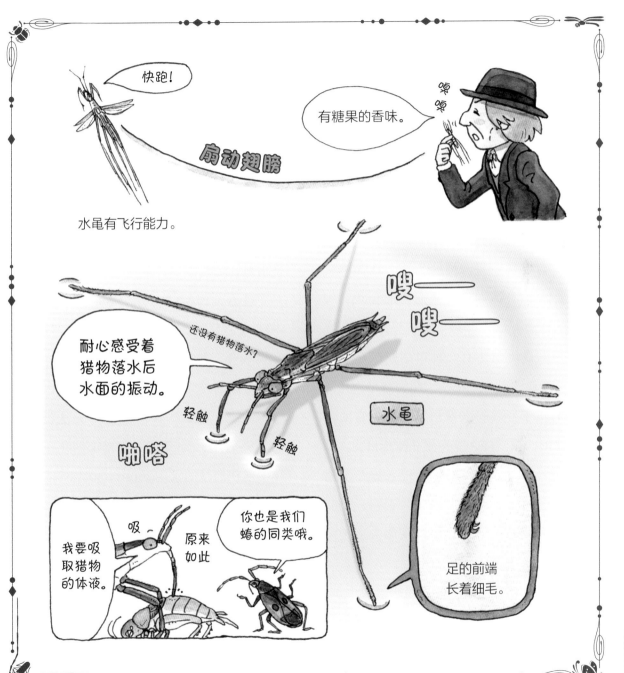

水生昆虫

水生昆虫④　生活在水中的蝽家族

前面介绍过水黾会利用水的表面张力浮在水面上，其实还有种虫子是仰着身子从下方紧贴着水面的。

这种虫子叫"仰蝽"，就算浮在水面上，也是用仰泳的姿势畅行于水中的。它们非常擅长使用自己像船桨一样的长腿。作为肉食性昆虫，它们会捕捉掉在水面上的昆虫，吸食昆虫的体液。

另外，在水中还有一种以蝌蚪、小鱼为捕食目标的昆虫——螳蝎蝽。螳蝎蝽是一种身形细长的虫子，看起来像稻草一样。它的前肢与螳螂的一模一样，能夹住并捕获猎物。

螳蝎蝽很擅长飞行，如果把它放在水槽中饲养，一定要记得加个盖子。否则，第二天早上再去看它的时候，你肯定会失望地大叫："不见了！它跑掉啦！"

另外，还有一种叫"日壮蝎蝽"的虫子，它长得像压扁了的螳蝎蝽。

不过要说最强悍的水生昆虫，非田鳖莫属。它游得不快，却能借着水草、木桩等的掩护，张开长着尖锐钩爪的前肢，一动不动地埋伏起来。

一旦有小鱼等猎物无意间经过，田鳖就会迅速伸出前肢夹住，再用钩爪刺它。无论是蝌蚪，还是泥鳅，都是一击必中。

接着，田鳖会用针一般的口器向猎物体内注入消化液，将猎物的肉身溶解成汁液，之后吸食。被吸干了的小鱼和蝌蚪，最后只剩下瘪瘪的外壳。

不过，如此凶悍的田鳖却无法抵御被农药污染的水。与田鳖十分相像的负子蝽也必须生活在洁净的水中。

所以，无论是田鳖还是负子蝽都渐渐从田地和池塘中绝迹，以至现在极少能见到它们的身影。在这方面，我们人类负有不可推卸的责任。

蟋蟀的叫声

在秋天鸣叫的昆虫中，常常躲在草丛里引吭高歌的就是蟋蟀。

夏末，台风暴雨的天气过后，蟋蟀铆足了劲，加大嗓门"噿（qū）噿噿"地叫个不停。

随即，在酷暑中煎熬了一夏的人们开始略带伤感地感叹："唉，快到秋天了。"

在过去，秋天的夜晚除了虫鸣就没有其他声响了，那时既没有电视机也没有收音机。

夏天夜晚的蛙声一停，就是秋天虫鸣的时节了。

"铃——铃——""咕隆咕隆——""叮——叮隆"……你们知道发出这些声音的都是谁吗？

我来告诉你们答案吧。发出"铃——铃——"叫声的是日本钟蟋，发出"咕隆咕隆——"叫声的是黄脸油葫芦，而发出"叮——叮隆"叫声的是云斑金蟋。

蟋蟀分好多种，它们的长相和叫声各异。

黄脸油葫芦的颜面呈黄色，据说是因为它的鸣叫声很像油倒入葫芦时发出的声音，故而得名。在古代中国，蟋蟀被叫作"促织"，因为蟋蟀的叫声很像织布时梭子往复的声音。人们通常就是这样来诠释虫鸣的吧。

有一段时间，每隔一阵子，我家院子的树上就会传来一阵细小、尖锐的声音。那是凯纳奥蟋，是一种个头很小的蟋蟀。

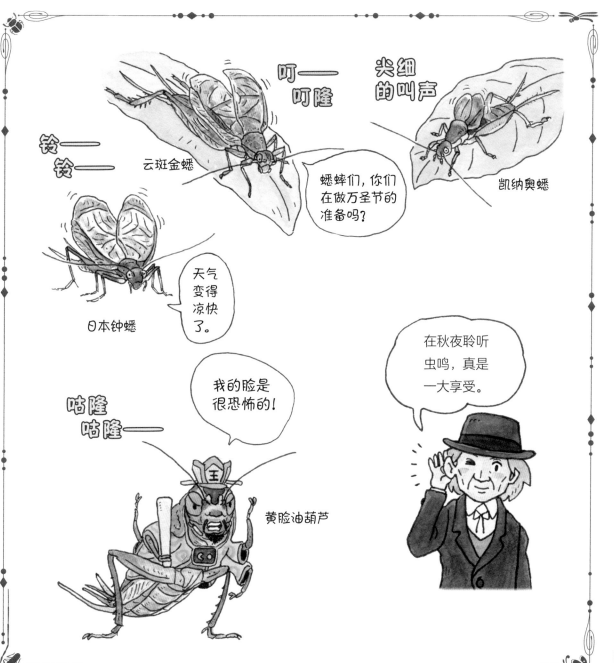

叮——
叮隆

尖细
的叫声

铃——
铃——

云斑金蟋

凯纳奥蟋

蟋蟀们，你们
在做万圣节的
准备吗？

天气
变得
凉快
了。

日本钟蟋

我的脸是
很恐怖的！

咕隆
咕隆——

黄脸油葫芦

在秋夜聆听
虫鸣，真是
一大享受。

鸣虫

鸣虫② 斗蟋蟀

在秋天的各种鸣虫中，蟋蟀尤其受到中国人的喜爱。不过，中国人喜欢蟋蟀并不是因为它的叫声悦耳，而是因为雄蟋蟀能"战斗"。据说，有些人从春天到秋天一直忙着捕捉好斗的蟋蟀，并且训练它们。喂什么食饵，怎么训练，都很有讲究。自古以来，有很多中国人以斗蟋蟀为乐。

中国清代小说《聊斋志异》中写了这样一个奇异的故事。

很久很久以前，皇帝终日沉迷于斗蟋蟀，下令从民间征收最厉害的蟋蟀。于是县官命令下面的里正*献上好斗的蟋蟀，如果谁抓不到，就要被处以鞭刑。

有一个里正历尽艰辛，好不容易抓到了一只还算厉害的蟋蟀，小心翼翼地把它养在蛐蛐罐里。可没想到，9岁的儿子为了瞧一眼蟋蟀，私自打开了蛐蛐罐的盖子，结果蟋蟀趁机从缝隙中跳了出来。惊慌失措的儿子情急之下伸手去抓，却不小心把蟋蟀给弄死了。

这下出大事了，得知此事的母亲严厉训斥了儿子，男孩哭着跑出了家门。听闻此事的父亲赶忙去寻找，却在一口井中找到了已经不省人事的儿子。

第二天早上，门外传来了蟋蟀的叫声。男子前去查看，发现了一只小蟋蟀。虽然这只小蟋蟀看起来很弱小，但男子还是抓住了它，送去县官那里交差。

"怎么搞的！这种小蟋蟀也能拿来抵数！"县官怒斥道，不过还是让小蟋蟀试斗了一次。结果，小蟋蟀的身手了得！最后这只小蟋蟀被献给了皇帝，里正因此得到了奖赏。

几天后，男孩恢复了意识，他对父母说："我梦见自己变成了一只蟋蟀。"其实，男孩是为了父亲才化身蟋蟀去打斗的。

怎么样，这个故事虽然听起来不可思议，但相信大家可以理解小男孩的心情。

* 意为"一里之长"，是古代一种基层官职。

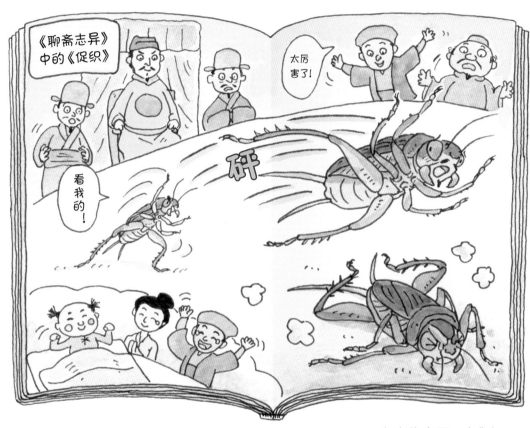

在古代中国，人们还发明了可随身携带的蛐蛐罐。

激烈的"斗蛐蛐"

树上的梨片蟋

秋天的夜晚，有时会从高大的树上传来"喔喔喔"的叫声，像是有人不停摇晃一束铃铛，特别闹人。就算起初没在意，可一旦注意到就会感觉很吵。如果刚好站在树的正下方，那这种声音大得会让人想塞住耳朵。

发出这种声音的是梨片蟋。

它是一种青绿色的鸣虫，和蟋蟀是相近的种类。普通的蟋蟀住在地上的居多，而梨片蟋却另辟蹊径，在树上安了家。

昆虫遍布地球上的所有角落。

像蚂蚁或白蚁会在土壤深处挖洞，构建地下通道。虽然白蚁与蟑螂是相近的昆虫，但蚂蚁的祖先可能是从土蜂演变而来的。这些昆虫转入地下生活，发展出独特的种群。更有不少昆虫，它们潜入蚂蚁的巢穴，做起了白吃白喝的闲居客。这样看来，即使在地下世界也不能掉以轻心啊！

言归正传，那些生活在地面上、有时会在土壤里挖洞筑巢的蟋蟀，身体的颜色是黑色的。而栖息在树叶间的梨片蟋，身体颜色是绿色的。这是为了不让鸟类等天敌在树上发现它们的存在吧。

日本的梨片蟋可能是从中国输入的。或许是附在货物中的植物盆栽上，然后进入日本的。

很多昆虫都是这样被人类搬来运去，最终遍布全球。跳蚤、蚊子、苍蝇、温带臭虫、虱子都是如此。

鸣虫④ **杂食性昆虫螽斯**

虫鸣不是只在秋天才可以听到。夏日炎炎，蝉在树上大声歌唱；蝈蝈在草丛间"吱拉、吱拉"地欢叫，所以在某些地区蝈蝈也被称作"吱拉子"。

观察一下蝈蝈的前肢，上面长满了刺，这些刺的作用是防止猎物逃脱。

人们以为蝈蝈只吃黄瓜，其实它也吃一些小虫子，属于杂食性昆虫。

如果把几只蝈蝈养在同一个笼子里，要注意它们可能会互相残杀。特别是雌虫会吃掉雄虫，这是因为雌虫产卵时需要大量的蛋白质，与雌蚊子吸血是同一个道理。

纺织娘、薄翅树螽虽和蝈蝈是同类，但它们都是草食性昆虫。那它们的前肢长什么样呢？答案是几乎都不长刺。

我们再来看看日本薮（sǒu）螽和日本饰螽螽，它们前肢上的刺又大又多。

日本薮螽和日本饰螽螽都是不折不扣的肉食性昆虫，所以它们前肢上的尖刺才会如此发达。

对于草食性昆虫来说，食物就在身边，要多少有多少。而且草是生根的，无法移动，所以昆虫们可以慢慢享用。就算有危险逼近，昆虫们也可以逃走。

相较于草食性昆虫，肉食性昆虫为了不让猎物察觉，必须悄悄地靠近对方，用极快的速度进行捕捉。

倘若捕捉时动作慢吞吞的，那么再怎么慢性子的猎物，也会挣脱逃走。所以，肉食性昆虫的前肢长满尖刺，就是为了不让猎物逃脱。

话说栖息在日本的螽斯科昆虫，个头最大的也只有5—6厘米长，可如果到了热带地区，就会见到像成人手掌那么大的。它们是大叶螽，身体笨重，在草丛间跳跃时，还会发出"沙沙"的声音，让人害怕。据说它们还会抓小老鼠来吃。

120

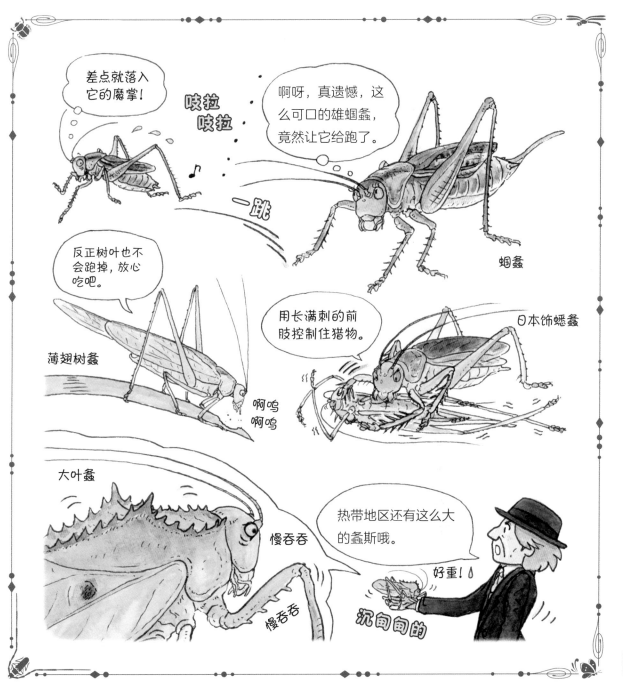

鸣虫⑤ **蝗虫**

其实从大类上来分，蟋蟀、螽斯、蝗虫都属于直翅目昆虫。这三种昆虫的后腿都很长，弹跳力也都很强。而且，它们的前翅笔直地附在身体的背部，所以被称作"直翅目"。

那么，它们哪里不一样呢？

经常鸣叫的是蟋蟀和螽斯，蝗虫一般不发出声音。

触角长短也不一样，蟋蟀和螽斯的触角很长，而蝗虫的触角很短。

那么，蟋蟀和螽斯的区别是什么呢？

螽斯是绿色或褐色的，身体干硬；而蟋蟀是黑色的，身体偏软。从头部正面来观察，螽斯的身体细长，而蟋蟀的身体是四角形的，更方正些。

在法语中，蝗虫读作"criquet"，发音和蝗虫飞行时发出的声音有些相似。

水田里最多的蝗虫是稻蝗。一直以来，人类因为稻蝗啃食水稻叶子而把它视作水稻的天敌。

在一些国家，蝗虫的危害非常严重。在非洲、中东国家以及印度，沙漠飞蝗有时会突然大量出现。

铺天盖地的蝗虫像云层一样遮住天空，天色一片昏暗。它们一路啃食植物，过往之处一片狼藉，什么都不会留下。不要说田里的农作物了，所有的绿色植物都会被啃食一空，更严重的后果则是导致饥荒暴发。

鸣虫

鸣虫⑥ **鸣叫机理**

我已经跟大家探讨了不少有关鸣虫的话题，但还没有具体谈过鸣虫的种类以及鸣叫的原因和方式。

大家饲养过蟋蟀吗？会叫的是雄虫还是雌虫呢？还是雌虫雄虫都会叫？

答案是只有雄虫才会叫。雄虫是通过鸣叫的方式呼唤雌虫的。

大家听过《小夜曲》吗？

过去，意大利等欧洲国家的男士会在他所中意的女士的阳台下，柔情地高歌、拉琴，以制造浪漫的氛围。雄性金钟蟋和螽斯的做法也和他们相同。

如果把死去的金钟蟋的翅膀取下来，透过放大镜仔细观察，就会发现它的右翅和左翅有点不一样。

在右前翅的背面长着锉刀似的音锉，而左前翅的表面也长着与之对应的刮器。

金钟蟋就是靠摩擦两边的翅膀，发出微弱声音的。而且它的整个翅膀向内凹陷，会使摩擦的声音产生共鸣。

就像小提琴家通过拉弓来振动琴弦，金钟蟋是通过摩擦两边的翅膀发出声音的。真是一位了不起的"演奏家"。

话说回来，既然有演奏者，那应该也有倾听者。

金钟蟋和螽斯的耳朵在哪里呢？

它们的听觉器官就长在前肢的小腿处。用人类身体来比喻的话，就是有像耳朵的鼓膜一样的一层透明薄膜，大家可以拿放大镜来看一看。

蟋蟀的鸣叫声可以分为以下三种类型。

① 呼唤远方雌虫的鸣叫
② 与身边雌虫搭话的鸣叫
③ 与雄虫对战时的鸣叫

我们把这三种鸣叫类型分别叫作"呼唤式鸣叫""求爱式鸣叫"和"威吓式鸣叫"。看来，蟋蟀也有表现心情的语言呢。

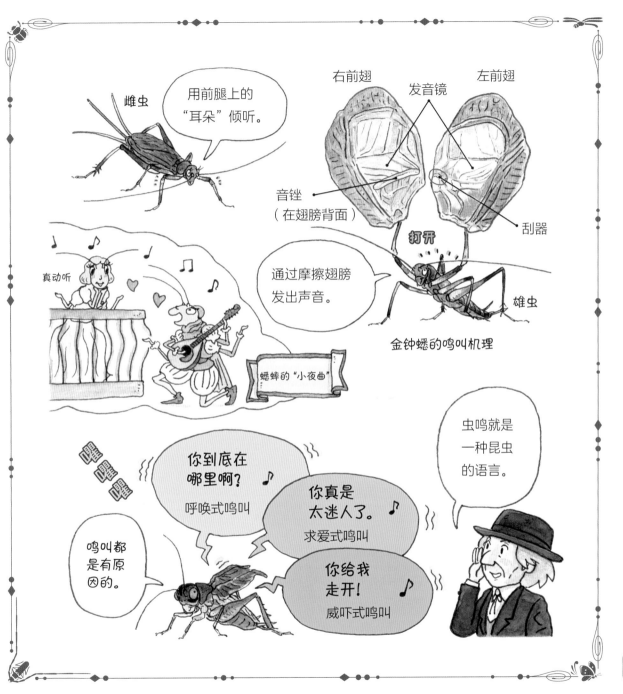

昆虫美食

对了，你们有谁吃过蟋蟀吗？很遗憾，我一次也没有尝过。

听说在东南亚地区会把一种名叫"台湾大蟋蟀"的大型蟋蟀拿来炸着吃，这种蟋蟀比黄脸油葫芦还要大好几倍。据说蟋蟀的养殖业开始盛行也有这个原因。油炸后蟋蟀的口感类似薯片，又脆又好吃。

说起来，蝉的吃法通常也是用油炸。

有人觉得吃昆虫挺恶心的，我想主要是因为昆虫的脚太多，让人看着吃不下去。换句话说，只是外观上的问题。

既然这样，我们只要把它们的模样弄得好看些，看着好吃就行啦。我们可以把昆虫用开水烫熟后晒干，磨成粉，再放进洋葱、香草等拌匀，做成汉堡。

现在最便宜的肉是什么呢？是鸡肉吧。但要把一只雏鸡养到可供食用，要花费好几个月的时间，还需要喂许多饲料。养猪、养牛就更辛苦了。从这点来说，养蝗虫只要喂点芒草、蒿类等植物就好，变为成虫只要几周的时间。

未来的人类说不定会把昆虫纳入食品的范畴，我认为这是解决地球粮食短缺问题的一个良方。

其实，昆虫的味道比想象中的要好吃。不过大量收集昆虫却是个难题。

我在前面提过，蝗虫的数量有时会突然大量增加，这不知是好事还是坏事。过去在摩洛哥、阿尔及利亚等国，蝗虫的数量经常会大幅度增加，引起人们的恐慌。

在蝗灾发生时，人们有时会大量捕捉蝗虫来吃，因为那时已没有别的食物可以食用了。

蝗虫可以做成美食。在日本，稻蝗就被放进佃煮中食用。在蝗虫大量出现的时候，如果抓来很多，应该可以做成可保存的食品备用。

鸣虫

金花金龟

➡ P62 花金龟

法国最具代表性的花金龟。

白点花金龟

➡ P62 花金龟

与金花金龟一样，都是法国常见的种类。

法布尔老师的
标本箱②
花金龟、水生昆虫等

雄虫　　　　　　雌虫

犀角金龟

➡ P62 花金龟

法布尔经常用这种甲虫来做实验。

明亮单爪鳃金龟

➡ P106 水生昆虫

法布尔小时候在池塘边见过这种美丽的小虫，把它称为"天堂的金龟子"。这种昆虫的体表泛着蓝色的光。

西塔利芫菁

➡ P46 芫菁

芫菁

➡ P46 芫菁

绿芫菁

➡ P46 芫菁

雄虫　　　　　雌虫

芫菁

➡ P46 芫菁

条纹山天牛

➡ P36 天牛

法国体形最大的天牛。
幼虫栖息在栎树树干中。

欧洲龙虱

➡ P106 水生昆虫

世界上体形最大的龙虱。
成虫以死鱼或贝类为食，
幼虫吃活的鱼和昆虫。

欧洲龙虱（幼虫）

➡ P106 水生昆虫

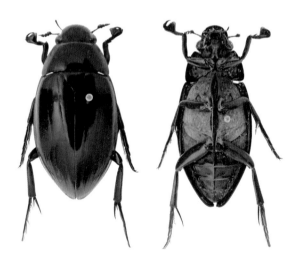

牙甲

➡ P150 越冬的昆虫

成虫以植物为食。

法布尔老师的
标本箱③
鸣虫、壁蜂

法国的各种蝗虫

➡ P114 鸣虫

在法国南部的荒野栖息着各
种蝗虫。它们身体的颜色和
泥土、岩石相近，不过一旦
展开后翅，色彩都很鲜艳，
引人注意。

红壁蜂

→ P74 壁蜂

雄虫

雌虫

田野蟋蟀

 P114 鸣虫

生活在欧洲温暖地区
的田园里。

姬螽

→ P114 鸣虫

属于大型螽斯。

象甲① 奇妙的外形

今天，我突然想问大家一个问题。不过在这之前，大家先来看看第133页中间的那张图片吧。

你们知道这是什么昆虫吗？不能查阅昆虫图鉴哦。

大家仔细想想，它为什么会长成这个样子呢？应该与它的生活方式有关吧。

它的口器长得出奇。而且腿也又细又长，长成这样还能好好走路吗？

如果用黏土和铁丝来做这种昆虫的模型，你就会理解我的意思了。当把模型做得很大，如果腿不够粗壮是根本站不住的。

不过昆虫的体形小、体重轻，所以即便长成这样，也没有什么问题。

我总觉得这种昆虫很像大象，特别是鼻子和躯干简直与大象的毫无二致，唯有腿是细细长长的，跟长颈鹿的很像。

如果给生活在非洲草原上的大象安上长颈鹿的腿会怎么样？这么纤细的腿根本承受不住大象的体重，要是遭到狮子的追击，也根本跑不起来吧。

我在野外见过这种昆虫，所以我是知道它的名字的。

还是给大家公布答案吧！这种昆虫叫作象甲。

象甲长长的鼻子也是口器，形状与一种叫"鹬（yù）"的水鸟的嘴巴非常相似。鹬的嘴巴很长，栖息在海岸或水边，习惯用它长长的嘴巴在沙子里戳来戳去，寻找食物……

有一种榛实象甲，它的幼虫是吃榛果长大的。可如果象甲把卵产在榛子坚硬的壳上，从卵中孵化出来的幼虫是不能在壳上钻洞，再钻到榛果里去的。

所以雌象甲会先在榛子上钻好洞，再在里面产卵。钻洞的时候，它那根鸟嘴一般的长口器就派上用场了。

好吧，接下来我们快去结满橡子的栎树林走一遭吧。

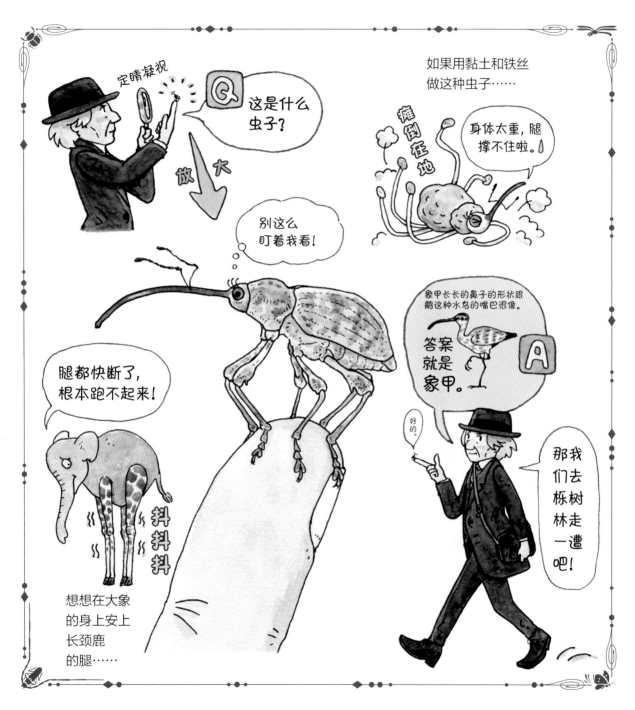

象甲

象甲② 林中观测

法国的 10 月已经很寒冷了。为了观察象甲的活动，我打算去栎树林看一看，那里长着很多橡子。动身的那天，法国南部特有的强劲西北风刮得正猛，天格外的冷。

这股西北风叫作"密史脱拉风（mistral）"，是形成于北部、沿着罗讷河谷吹来的一种干冷强风。从前，一班从巴黎开往尼斯，途中经过马赛的特快列车就是以这风的名字命名的。

言归正传，我来到林中寻找橡子和象甲的踪影。找到了，找到了，在枝条上的一颗绿色橡子上，落着一只小虫子，它正把细细的口器插入橡子里。

强风把树枝吹得左右摇晃。我剪下树枝，连同橡子轻轻地放在地上，然后蹲在原地，观察起象甲。

与橡子相比，象甲显得极为渺小，身体全长约 5 毫米。

象甲之所以能在圆滚滚、滑溜溜的橡子上行走自如，秘密就在它那平坦的足部前端。那里长着长毛，还分泌着稠稠的黏液。

象甲将口器插入橡子坚硬的外皮后，就会以插入之处为中心，慢慢地从一端走向另一端，像是在橡子表面画了个半圆。然后，再沿着半圆反方向走回来。如此来回往复，就像一个摆来摆去的钟摆，或是雨天车窗上的雨刷器。

一个小时过去了，待到口器完全插入橡子后，象甲就一动不动，开始就地休息了。我在一旁等着看它下一步怎么做，没想到它竟然把口器从洞里拔了出来。

难道它打算放弃了？还是出什么问题了？象甲从橡子上爬了下来，钻进了一堆枯叶里。

如果继续观察下去，我就会得重感冒了。于是，我在林中收集了很多橡子和象甲，决定把它们一同带回实验室，再慢慢观察。

① 把口器插入橡子的外皮中，以插入点为中心，来回走动，路线呈半圆形。

② 口器完全插入橡子后，象甲开始一动不动地休息。

来回走动

用力钻

来回走动，就像雨刷器一样。

……

吸吸

③ 没过多久，象甲又把口器拔出来，跑去了别处。

不干了！

扑哧

强劲的西北风"密史脱拉风"刮起来，冷得人瑟瑟发抖。

➤ 还有"密史脱拉风"号特快列车。

嗖

嗖

太冷了！我还是拿回实验室观察吧。

象甲

象甲③ 危险的开洞作业

被关进笼子的雌象甲，一边慢慢从橡子顶端往底部爬，一边仔细检查着这颗橡子。

不一会儿，它似乎就有了自己的判断：这颗橡子还不错。

这回，它准备用口器在橡子上钻孔了。

象甲努力站稳，尽可能把头抬高，然后将弯曲的口器尖端用力刺入橡子。刺入的部位在橡子的壳（qiào）斗边缘处。

象甲在钻孔的过程中，有时会遇到严重的意外。

当象甲用力将长长的口器刺入橡子时，有时足部会从橡子表面滑开。

象甲的口器富有弹性，足部滑开的时候它的整个身体会往上弹去。然后，就会呈现头朝下、足部朝上的倒插悬空姿态。无论它再怎么努力挣扎，足部都够不到橡子表面。

大家可别笑哦！站在象甲的角度想想，就知道这是个生死攸关的大问题。通常情况下，象甲就会这样干瘪而死。

象甲钻孔时看着神闲气定，其实这项工作危险无比。我曾在森林里看到过因此送命的象甲。

如果没遇到危险，象甲就会用口器慢悠悠地摩擦橡子，持续进行钻孔工作。

钻孔的工作通常会持续 8 小时之久。我以为接下来它该产卵了，没想到象甲竟然在这个时候拔出了口器，钻进了铺在笼子底部的枯叶堆里。

花了那么长时间，辛辛苦苦地钻了一个洞，怎么就放弃了呢？到底是怎么回事？

看来，观察昆虫是需要耐性的。

象甲④ 产卵的秘密

我一直密切关注着象甲的活动，可始终没能看到它产卵的瞬间。于是，再也等不及的我决定把橡子切开来一探究竟。

首先，我把和雌象甲一起放入笼中的橡子一颗颗切开，想看看象甲究竟把卵产在了何处。

我发现有的橡子只是被钻出了一条细细长长的通道，有的橡子中却已经有很多产下的虫卵。

那么，大家觉得卵到底产在了橡子的哪个部位？是不是在挖出的细长通道的入口处呢？

结果出人意料，虫卵竟然被产在通道的最深处。

的确，橡子的这个部位不仅柔软，而且富含可口的汁液。那象甲是如何把卵产在这么深的地方的呢？

难道是先把卵产在通道入口，再用口器一点点地推进去的？不对，这样很容易把柔软的虫卵弄破。

我继续进行观察。

经过持续的观察，我发现用口器钻孔后的雌象甲会突然转身，将尾部对着通道触碰一下。整个过程都在瞬间完成。

当时，我毫不犹豫地拿起了那颗橡子，立刻切开来看。

令人惊讶的是，虫卵已经抵达了细长通道的深处。可雌象甲应该没有把虫卵推进深处的时间啊。

经过一番深思熟虑，我决定将雌象甲进行解剖。

"哇，原来是这么回事！"

剖开雌象甲的腹部一看，原来它的肚子里收着一根和口器差不多长的产卵管。

雌象甲就是利用这根产卵管，把卵产在橡子中最理想的部位的。

话虽如此，谁会想到它的肚子里藏着一条和口器差不多长的产卵管呢！

昆虫果然是神奇的生物啊。

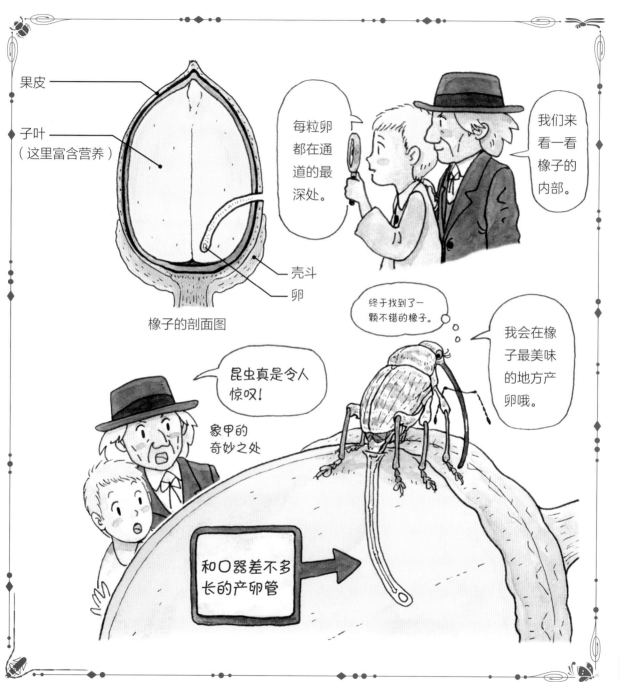

象甲⑤ 橡子的味道

在观察象甲的过程中，最令人头疼的是它一直不产卵。

雌象甲会仔细检查长在树枝上的青橡子。开始钻洞后，它连续几个小时都没有停下来。但是，等好不容易用口器在橡子上钻好了一个很深的洞，它却不产卵，还停下所有工作，就像中途放弃了似的。

不过，我很快就明白了象甲这种不寻常行为的原因。

雌象甲之所以会仔细查看橡子的表面，是要确认这颗橡子里没有其他虫卵。

对于象甲而言，一颗橡子就是一个巨大的"营养球"，但再好的营养球也无法同时给两只幼虫提供养分，所以象甲才会仔细查看橡子是否已被其他雌虫占用。

另外，象甲千辛万苦将口器刺入橡子中，却又中途放弃，应该是它发现这颗橡子不够鲜美或品质不佳吧。给幼虫吃的，自然得是成熟度刚好、美味多汁的橡子才行。

话说回来，喜食橡子的生物并不止象甲一种。

鸟类中的松鸦就特别喜欢橡子。松鼠也会在土壤中储存大量橡子，以备过冬。到了冬季，松鼠会把存起来的橡子挖出来吃，若是哪天它们忘了吃，埋在土里的橡子到了春天就会抽芽，长成大树。

在欧洲，一到秋天农户们就会把家里养的猪赶去森林，然后用长棍子敲打栎树的树枝，用打落的橡子来喂猪。被这样养大的猪，猪肉可以做成香肠、培根或火腿。这种猪肉中带着一股橡子的风味，吃起来很不错。

所以有些人看到橡子被象甲吃了，会恼怒地大骂象甲是害虫。但是，橡子应该是居住在森林附近的动物和人类的共有财产哦。

象甲在产卵前，会花费大量的时间去确认两件事：

① 确认这颗橡子上是否有别的虫子产过卵。

仔细查看

看起来没有其他雌虫产过卵呢。

定睛凝视

这颗橡子到底怎么样啊。

所以，幼虫才能茁壮成长啊。

象甲妈妈真是伟大！

是啊！

② 确认橡子的品质，看看是否适合幼虫吃。

多吃点，能长胖。

橡子是森林居民的共有财产

果实是

吃

吃

大家的。

家猪

松鼠

田鼠

松鸦

熊

象甲

蓑蛾① 枯叶衣裳

天气转凉时，只要稍加注意就会发现蓑蛾的身影，它们或挂在树上，或附于墙头。

蓑蛾会把枯草的茎秆、细小的树枝和枯叶等材料拼凑在一起，做成袋状的"衣裳"，然后隐藏于其中。

这样子不禁让人联想起过去的雨具"蓑衣"，故而得名"蓑蛾"。

如果把"蓑衣"从蓑蛾的身上剥下来，会看到什么呢？

那我就小心翼翼地用镊子，把粘在外侧的茎秆和枯叶一一剥掉吧。

彻底剥去外层后，会露出一个柔软的袋子。这个袋子是丝质的，质地坚韧，就算用力向两侧拉扯也难以扯破。

接下来，我用锋利的剪刀将这个袋子纵向剪开，还要小心不要伤到里面的虫子。你们猜里面会露出来一只什么样的虫子呢？

是一条长着深褐色斑点的毛毛虫，而这袋子就是毛毛虫自己吐丝织成的。

这个丝袋内侧柔软光滑、闪闪发亮，宛若一块富有光泽的高档丝织品。全身裹上这么一件衣裳，毛毛虫应该很舒服吧。

不过，丝袋的高档不只体现在内侧，丝袋外侧还夹杂着增加强度的木屑，这或许是为了节省丝线吧。

夏季到初秋是蓑蛾幼虫大量吐丝的季节，若是在这段时间把它的"蓑衣"剥掉，并在旁边放上些毛线或剪碎的小纸屑，幼虫就会用这些材料做成漂亮的衣裳。大家不妨也来做个实验吧。

蓑蛾② **蓑蛾的真面目**

我们已经知道，蓑蛾其实是一种穿着"蓑衣"的毛毛虫。

既然是毛毛虫，那么它一定是某种昆虫的幼虫。这种毛毛虫长大后会变成什么呢？

那么，就让我把它养大，弄清楚它的真面目吧。

换作平时，我肯定会担心它的食饵。该喂它吃点儿什么呢？

不过，当时天气已然转冷，蓑巢里的毛毛虫已经吃饱喝足，做好了过冬的准备。

所以我只要把蓑巢从墙壁或者树干上扯下来，放进笼子里即可。剩下的事情就是等着成虫从蓑巢里出来。

到了6月末，从蓑巢里终于跑出来一只褐色的雄蛾！雄蛾的身份可以通过它漂亮的触角来确认。原来它是大蓑蛾。

雄蛾在笼子里飞来飞去，围绕在几个尚未羽化的蓑巢周围，热心地用触角查探着。这些蓑巢里似乎隐藏着什么。

一定是雌蛾无疑。雌蛾都没有从蓑巢中露过脸，但雄蛾已十分笃定。

雄蛾会在雌蛾的蓑巢上停留一会儿，伸长尾部，与雌蓑蛾交尾。雄蓑蛾连新娘都没有见过，它们就结婚了。

这让我想起了希腊神话中"普赛克和厄洛斯"的故事。

其实，蓑蛾的学名就是"Psyche（普赛克）"。在希腊神话中，普赛克是一位美丽的公主。女神阿芙洛狄忒自认为是世界第一美女，她很嫉妒普赛克的美貌。于是，她命令自己的儿子爱神厄洛斯，去让普赛克与丑陋无比的男性结婚。然而，厄洛斯却爱上了普赛克，普赛克也在没见过厄洛斯时爱上了他。

那雌蓑蛾的成虫到底长得有多美呢？真是等不及想要看一看呢！

雌蓑蛾

今天终于可以看到雌蓑蛾现身的一幕了，它究竟长什么样子呢？

接连好几天，我都在观察雄蛾交尾结束后，藏着雌蓑蛾的那个蓑巢，可一直没见雌蓑蛾出来。没办法，我决定查看一下蓑巢的内部。

我试着把蓑巢切开，发现里面有一条长相怪异的毛毛虫，这让我有点儿惊讶。

蛾的成虫应该有翅膀，可这只雌蓑蛾根本没有，甚至连腿和触角都没有。

这只雌蓑蛾与它幼虫时的样子也截然不同。它那圆鼓鼓、胖乎乎的腹部几乎快要撑破了，尾端还长着天鹅绒般的毛。

虽然外表非常怪异，但它应该是雌性大蓑蛾的成虫。腹部前端又尖又硬的部分，就是产卵用的产卵管。

其实，雌蓑蛾的体内塞满了数千粒卵，整个身体就像一个卵袋。所以雌蛾一旦产完卵，就会缩得很小。

更有趣的是，雌蓑蛾会在自己蜕下的蛹壳中产卵。这就是说，蓑蛾的卵得到了蓑巢和蛹壳的双重保护。

虽然雌蓑蛾一生都保持着丑陋的毛毛虫模样，但对于雄蓑蛾来说却是魅力无穷的，这源于费洛蒙吧。

雌蓑蛾终其一生都会以这种姿态生活在蓑巢里，应该很无趣吧。不过仔细想来，再也没有比这更轻松的生活了吧。

如果长了翅膀飞到外面，会增加被鸟儿吃掉的危险，也会觉得寒冷。外面的生活不一定更好。

当然，就算躲在蓑巢里，也有可能被鸟儿啄食，也要忍受寒冷。但雌蓑蛾能把身体裹在"丝绸被窝"里，每天过着暖和舒服的日子，还真是令人称羡。

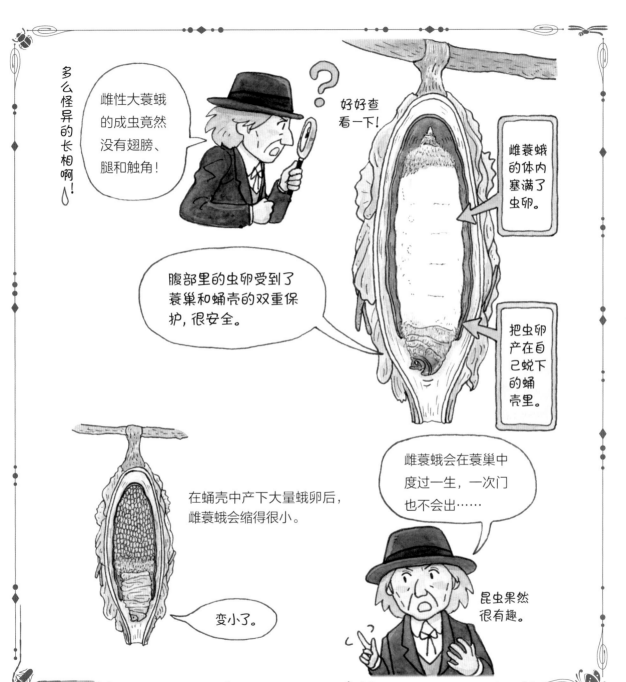

蓑蛾的幼虫

在雌蓑蛾产卵后的两三周内，幼虫开始在雌蓑蛾蜕下的蛹壳中孵化。

约3000粒卵几乎同时孵化，变成一条条小小的幼虫。

蓑巢里很安全，不会有外敌侵入。幼虫会在巢中休息片刻，然后纷纷到外边去。

吐着细丝、垂挂在蓑巢上的幼虫，经风吹拂，轻飘飘、晃悠悠地分散到附近的树枝和树叶上。

幼虫们一着陆，就会立刻开始着手做蓑巢。它们会用大颚一点点地啃食树叶和小树枝的皮。

原来如此！在放大镜下仔细观察这些小小的幼虫，会发现每一只都长着结实的大颚，像是带着利齿的小刀。

而且幼虫能像蚕一样吐丝。

蝶类、蛾类和蜂类的幼虫都有从口中吐丝的能力，而蜘蛛是从尾部抽丝的高手。

蓑蛾的幼虫在啃掉树叶后，会用它吐出的丝将树叶碎片粘在一起，做成一个"腹带"裹身。

在这"腹带"之上，再连续用丝线将啃下来的树叶碎片粘上去，最后就做成了一个三角锥形的筒状袋。

就这样，蓑蛾幼虫身上穿上了"蓑衣"。

幼虫原本是浑身赤裸的，不过到这时，它们看起来就非常可爱了。它们会把头和腿伸出"蓑衣"，就像人戴着一顶三角形的帽子在走路一样。

它们余下的事情，就是拼命啃食树叶，在蓑衣上加树叶，使之逐渐变大变强。

幼虫慢慢长大，只要做好了蓑巢，就能在里面生活了。尽管蓑巢在外面看着像枯叶一样，但里面其实像是白丝绸的被窝，住起来舒服得很。

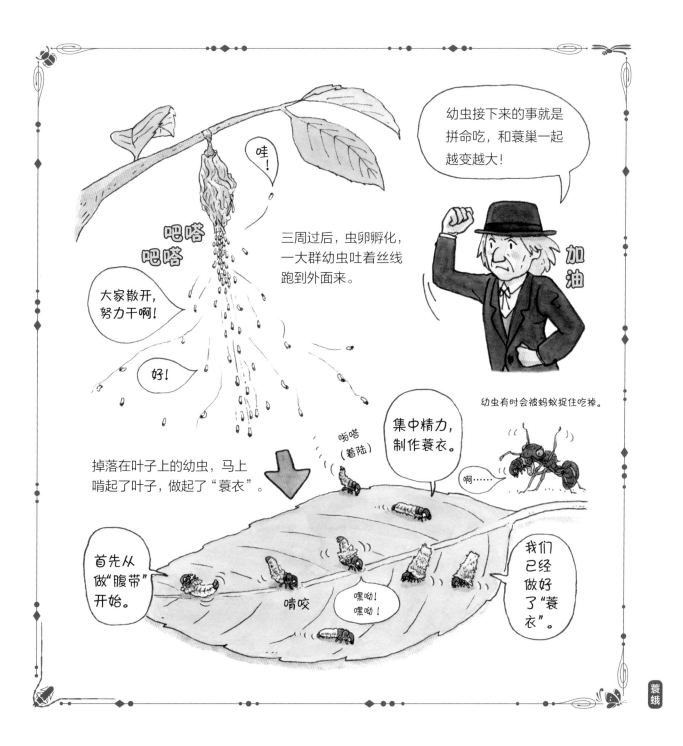

昆虫的冬眠

冬天来了，天气转冷，昆虫都不见了踪影。夏天随处可见的蜻蜓、蝉和蜜蜂也不知什么时候销声匿迹了。

寒冬腊月里，昆虫都在做什么呢？

其实，它们各自在以成虫、幼虫、蛹或卵的形态，抵御着冬天的严寒。

举个例子来说，随着外界气温的下降，蛇和青蛙等冷血动物的体温也会下降。所以即使它们想动，也冷得动不起来了，这点真是与体温恒定的人类、猫狗不一样呢。

昆虫也和蛇一样，无法在寒冷的地方活动。如果在炎热的夏天，把活力四射的独角仙或蝉放进冰箱，它们瞬间就会变老实。可一旦把它们从冰箱里拿出来，身体暖和起来后，它们就会开始活动。

寒冷时一动不动的昆虫，会知道天气何时转暖。也就是说，它们一直在等待着春天的到来。

冬天，大部分虫子会钻进泥土里，或是躲到池底一动不动。这就是昆虫的冬眠，是不是感觉有点冷呢。

不过，泥土中的温度一年到头都变化不大，水中也是一样。当然除了北风"呼呼"吹和阳光照射的日子，大部分时间温度是比较稳定的。

在水底过冬的昆虫有龙虱、尖突牙甲一类的甲虫，还有蜻蜓的稚虫水虿。

所以在冬天寒冷的日子，拿上结实的网在池底捞一捞，就能抓到在池底淤泥里冬眠的昆虫。

一提起"生活在泥土中的虫子"，我首先想到的就是蝉的若虫。蝉的若虫会在温度恒定的泥土里度过好多年，并吸食树木根部的汁液。

对于蝉的若虫来说，最可怕的天敌就是鼹鼠和寄生在自己体内的菌类。

昆虫会用尽各种办法来安稳度过寒冷的冬天。

越冬的昆虫② **抵御严寒的方法**

在冬天的山上，有时会在房子里发现很多瓢虫和蝽，它们会在墙缝里或地板下抱团过冬。

比起树皮下面或者枯草之间，这种地方的条件要优越得多。人类建造的房屋，到底是比较舒适的。

不过，这应该不是虫子们事先商量好"一起在这里过冬"的结果，而是各自选择自己喜欢的地方，自然聚集到一起罢了。

其实昆虫的体温和外界温度是相同的，即使是一群挤在一起，身体也不会变温暖。

瓢虫和蝽都是以成虫形态过冬的，但独角仙和蝉是以幼虫的形态，而蝶类多以卵或蛹的形态。卵和蛹都有坚硬的外皮或外壳，能够抵御严寒。

昆虫的祖先是在地球气候较暖的时期出现的，所以很久很久以前的昆虫，根本不需要想办法来抵御严寒。那时地球上没有会变成蛹的昆虫。所有的昆虫都像蝗虫和蟑螂一样，从出生到成年都是同一个样子。

但没过多久，地球迎来了寒冷期，怕冷的生物就无法生存了。因而在一些偶然因素的作用下，昆虫中出现了一些以蛹的形态御寒的种类。

后来，蝶类或甲虫这样的昆虫在变蛹后再变为成虫，得以慢慢适应寒冷地带的生活，昆虫的耐寒能力也得到了发展。

而且破蛹而出时的昆虫会大变身，模样变得与幼虫时期完全不同。

试着比较一下独角仙和蝶类的幼虫和成虫吧。怎么会有如此大的变化呢？真是难以置信。大自然真是不可思议啊。

越冬的昆虫③　**蝶类怎样过冬？**

大家都知道，不同的昆虫过冬方式各异，有的以成虫形态过冬，有的以卵或蛹的形态过冬。那么，我们接下来关注一下蝶类的过冬方式吧。其实，蝶类的过冬方式有很多，还非常有趣呢。

例如，凤蝶幼虫无法忍受严寒，而且它们赖以生存的食物——植物的叶子，也会在冬天枯萎。所以大多数凤蝶会在冬天变成蛹抵御严寒。而生活在某些地区的金凤蝶，已经适应了寒冷地区的生活，就算在零下30摄氏度以下的严寒中也不会死去，因为它的体内含有一种在低温状态下不会结冻的"不冻体液"。

灰蝶科中的日本绿小灰蝶会在日本桤（qī）木、枹栎（bāo lì）的枝头产卵。如果你喜欢这种蝴蝶，可以在冬天有积雪的树枝上采集虫卵来饲养。这种蝴蝶的虫卵外包裹着一层硬壳，所以即便外面北风呼啸、大雪纷飞，壳内的虫卵也不会受到影响。

到了春天，虫卵孵化，幼虫出壳。而此时正好也是树木萌出新芽的时候，看来这种蝴蝶的生长周期和植物的生长周期很一致。日本绿小灰蝶的幼虫大口啃食着新芽长大，到了初夏就会变成蝴蝶翩然起舞。

不过，我好像没见过在冬天还能神采奕奕地飞舞的蝴蝶呢。

琉璃蛱蝶、大红蛱蝶、黄蛱蝶等蛱蝶科的蝴蝶在冬天也保持着成虫的形态，躲在背阴处过冬。天气晴好的时候，它们会欢快地飞出来，晒晒太阳。

这些蛱蝶的生命会延续到春天，然后产卵，繁衍下一代。

以成虫形态过冬的蝶类，除了蛱蝶还有很多，如宽边黄粉蝶、钩粉蝶等。

另一方面，黑端豹斑蝶的幼虫竟然可以靠吃三色堇的叶子在寒冷的日子存活下来，真是令人惊讶。大家可以试着找找看，它可是一种全身长满刺的毛毛虫哦。

松异舟蛾① 松树的大害虫

在我的"荒石园"里，生长着两种松树：一种是地中海松，另一种是欧洲黑松。

有一种毛毛虫特别喜欢吃这两种松树的松针，它就是松异舟蛾的幼虫。

它们会在寒冷的冬夜出来活动，大肆啃食松树上的松针。毛毛虫军团的数量庞大，针叶就像被森林大火吞噬了一样，被吃得精光。

不仅"荒石园"中的松树未能幸免，就连附近的旺度山半山腰上的松树也被啃光了松针。

虽然松树不会即刻枯死，却明显现出病态，必须想办法除去这些松异舟蛾幼虫才是。政府派来的护林员也为此忧心忡忡。

松异舟蛾的幼虫吐出细丝，在松树枝头筑起白色帐篷似的巢穴。它们白天躲在里面休息，一到晚上就出来活动，啃食松针。

所以，只要准备一根头上开叉的长棍子，趁着白天把它们的巢穴一一捣毁，就能消除虫害。

不过，我突然想研究一下它们究竟是怎么生活的。

我不确定这项研究会持续一年还是两三年，总之我决定先把它们的巢穴留在树上，暂不做处理。

松树啊，请忍耐一下毛毛虫对你们的伤害，配合一下我的研究。

8月的一天，我细致查看了一根与我视线齐平的松枝。

找到了，找到了。我发现在深绿色的松针根部，粘着一些小圆筒状的白乎乎的东西。我用放大镜观察，怎么看都像是虫卵。数量如此之多，一定就是松异舟蛾的卵了。

一旦这些卵孵化成幼虫，把巢穴筑在松树较高的位置上，再取下它们研究就很麻烦了。所以，我决定把这些卵带回实验室好好观察。

松异舟蛾的幼虫

松异舟蛾的幼虫在欧洲是臭名昭著的松树害虫。

"荒石园"的院子里，生长着两种松树。

不仅我院子里的松树未能幸免，就连对面山上的松树也深受其害……

握拳

这一定就是它的卵了，赶快开始观察吧！

好！我要研究一下这种毛毛虫是怎么生活的。

卵和幼虫

我用手触摸松异舟蛾的卵块，感觉就像天鹅绒一般光滑。不过，如果将手指反方向划过卵块表面，就有种逆推鱼鳞的感觉了。

松异舟蛾成虫的腹部尾端长着许多鳞片一样的东西。雌蛾产卵后，会把这些鳞片贴在卵的表面，好像在屋顶盖瓦片一样。如此一来，就算刮风下雨，也能起到遮风、防水的作用。

为了观察里面的卵，我用镊子把这层瓦片似的鳞片一片片地撕剥下来。

结果，一排排玉米粒般的虫卵，或者说珍珠般的虫卵展现在了眼前。不对，应该用白瓷来形容更为恰当。这些卵排列得整整齐齐。我数了一下，一排大约有35粒，一共9排，总计约300粒卵。

如果仔细找，其实在松树上能找到很多松异舟蛾的卵块，只是我之前没有留意罢了。

如果这些卵全部孵化成幼虫，在松树上大肆啃咬的话，后果将不堪设想。而且幼虫还会不断长大，它们的食量也会随之大得惊人。

一到9月，覆盖着虫卵的毛茸茸的"屋瓦"下面，就会出现很多松异舟蛾的幼虫。

它们的体长都在1毫米左右，特别小。全身呈淡黄色，身上还长有很多黑色的短毛和白色的长毛。

这些幼虫的头很大，黑亮黑亮的，很醒目，而且头宽约是体宽的2倍。

仔细观察它们的面部，可以看到坚硬结实的大颚。也就是说，幼虫从一出生就具备了啃咬坚硬食物的能力。

其实，这种幼虫的食物就是质地非常坚硬的松针。其他虫子不会去啃食这么硬的树叶，所以它们没有竞争对手，这也不错吧！

松异舟蛾

松异舟蛾的成虫

尾端长着很多鳞片一样的东西。

别那么盯着我的屁股看，好难为情的。

我是雌蛾，肚子很大哦。

仔细观察一下！

定睛凝视

卵 卵块被天鹅绒般的鳞片保护着。

把鳞片撕剥下来后

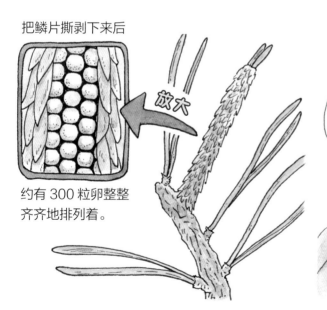

放大

约有 300 粒卵整整齐齐地排列着。

幼虫

到 9 月，会孵化出很多体长约 1 毫米的幼虫。

松针看着很好吃耶！

等一下！口水都流出来了。

松异舟蛾③ 幼虫筑巢

脑袋大大、身型小巧的松异舟蛾的幼虫一爬上细针似的松针尖，就立刻啃咬起松针来。对于刚刚孵化出来的幼虫而言，松针大概有它们身体的 4 倍宽，显得又大又硬。

我用放大镜仔细观察过松针，可以清楚地看到叶脉。小幼虫就是在叶脉之间柔软的地方下口，慢慢咬出一条沟槽。我用指尖轻轻触碰幼虫的身体，它就很不乐意似的摇头晃脑，非常可爱。

不久，填饱了肚子的幼虫各自回到孵化时的松针根部，开始吐丝。

幼虫的个头很小，吐出来的丝也很细，看起来若有若无。

不过在大伙儿一起吐丝的过程中，一个由丝线构成的巢就慢慢形成了。

白天日照强的时候，幼虫就躲在巢里，避开阳光的照射，像是在帐篷里睡午觉呢。

等到日落西山时，幼虫才会爬出来，在半径约 3 厘米的范围内各自散开，然后又开始啃咬起松针来。

幼虫从卵中孵化后不到一个小时，就会自觉排成一队，开始吐丝。进食的时候又会避开阳光。

没过多久，这些幼虫出来进食的时间就都固定在了晚上。

也就是说，松异舟蛾幼虫的一天，不是在吃松针就是在吐丝。

小幼虫在松针上缠丝筑巢，有时却连巢中起支撑作用的"顶梁柱"松针，也毫不客气地啃咬吞食。结果，被吃掉根部的松针，逐渐枯萎，纷纷散落下来。

但幼虫对这一切毫不在意，这里的松针枯萎了，就去别的松针那里，重新缠丝筑巢。这样每换一次新巢，巢穴的位置就增高一些，最后它们会把巢穴筑到松树的顶梢。

幼虫的个头很小，脑袋很大，坚硬的大颚咬得动松针。

白天，幼虫躲在巢中不出来。

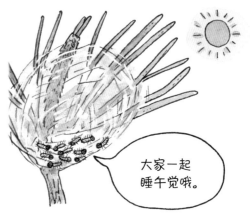

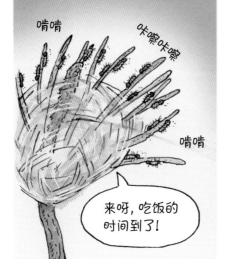

幼虫边筑巢边吃松针，等松针枯萎了，再往上移动。

松异舟蛾④ 巨大的巢穴

从卵中孵化出来后又过了几周，幼虫便开始了第一次蜕皮。幼虫刚孵化出来的时候，身上的颜色很浅，竖着直挺挺的、长短不一的毛。蜕皮后它们变得华丽夺目，仿佛穿上了皮毛外套。

很快到了11月，严寒也随之到来了。

在此之前，幼虫吃吃松针，一次次搬家，做新帐篷，过着迁徙的生活。可一旦天气真的冷下来，它们就需要制作用于定居的坚固大帐篷了。

于是，幼虫就会用吐出的丝缠住松针，一层层缠绕，做个大巢。

到12月初，这个巢已经有成年人的两个拳头那么大了。到了冬末，这个巢的容积竟然已达到2升。无论多大的风雨，幼虫都能安然自得地住在这个巢里。

巢里面到底什么样呢？我试着用剪刀把巢穴"咔嚓咔嚓"地剪开。

巢穴之中，竖着很多松针，它们像柱子一样支撑着整个巢穴的圆顶；其间还积着不少幼虫蜕掉的皮和粪便。什么呀，简直就是个垃圾桶。幼虫或停在巢里的松针上，或到巢外休息。

位于巢穴中间的松针完全没有被啃咬过的痕迹，依旧青绿。幼虫似乎也知道，如果啃食中间的松针，针叶就会枯萎散落，整个巢也就垮塌了。

之前幼虫还满不在乎地吃掉"顶梁柱"松针，怎么突然就变得聪明了呢？它们对这个华美的大巢还是挺重视的嘛！

随着我切开巢穴，寒风就开始"咻咻咻"地往巢里灌了。

不过，毛毛虫并没有用丝把洞堵住。它们似乎从来没想过会发生意外情况。一旦筑好了巢，就完全放心了。我还以为毛毛虫挺聪明的，其实它们并没有思考过。

162

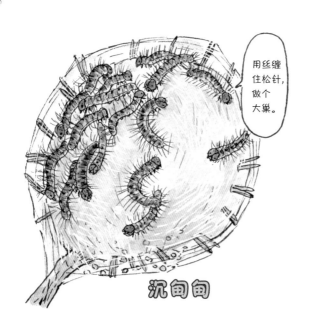

用丝缠住松针，做个大巢。

沉甸甸

到了 11 月，蜕皮后的幼虫为了抵御严寒，会做一个大巢。

毛茸茸

穿上带毛的外套。

切开巢一看，中间的松针没有被啃咬的痕迹，依旧青绿。

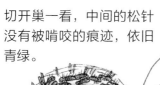

剪剪

原来如此！它是用来支撑整个巢穴的。

太聪明了！

中间全是垃圾！

怎么感觉那么冷！

为什么不把巢上的洞封上？

聪明？不聪明？

松异舟蛾

松异舟蛾⑤　队列的秘密

松异舟蛾幼虫在夜里出去觅食时，并不是一只只单独行动的，而是许多只幼虫跟着排头的那一只，排成长长的队伍前进。

那么，这些幼虫到底是怎么排队的呢？

仔细观察幼虫的脸，你会发现下方左右两边各排列着5个小点。这些点叫"眼点"，起着眼睛的作用。

但这么小的眼点，最多只能隐约感到光线吧，不大可能靠视力跟住前面的目标并排在队伍之中。

那它们是根据气味列队的吗？

在一段时间里，我故意不给幼虫吃松针，让它们处于饥饿的状态。

然后等它们不声不响出来觅食时，故意在附近放上松枝，以吸引它们来吃。

结果，幼虫明明经过了松针旁，竟然没有察觉松针的存在。这说明它们对气味非常不敏感。

若是这样，我推断幼虫列队靠的应该就是触觉了。一边凭借前面的幼虫吐出的丝的触感来前进，一边自己也吐丝引领后面的幼虫前进。然后它们各自进食，回来的时候，又循着丝线回巢。

有时，当队伍行进到较远的地方，怎么也找不到归路的时候，幼虫们就只能在外露宿一晚了。

尽管如此，它们也只是聚在一处，静止不动。这种幼虫是非常耐寒的。

第二天，幼虫又会开始寻找起着路标作用的丝线，找到之后，再循着丝线走，就能回到原来的巢中。

所以对于这些幼虫而言，自己吐出的丝线才是最重要的生命保障。

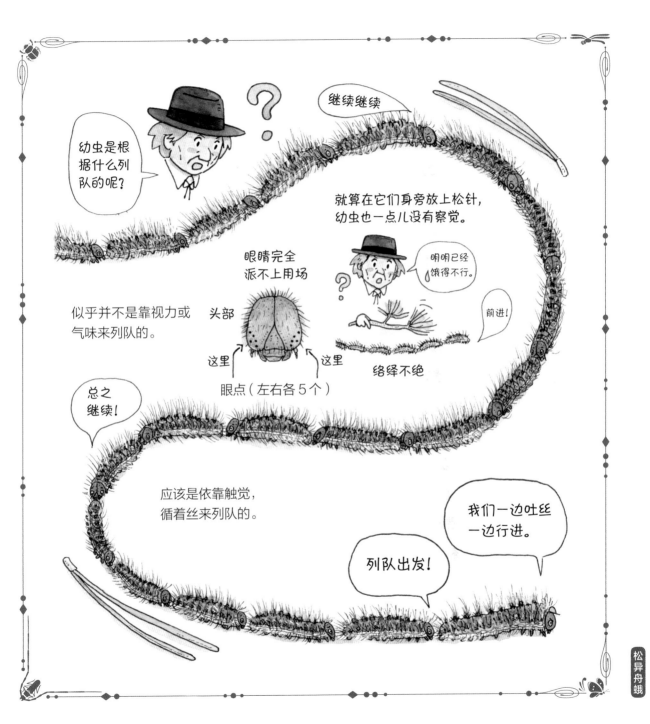

幼虫是根据什么列队的呢?

继续继续

就算在它们身旁放上松针，幼虫也一点儿没有察觉。

明明已经饿得不行。

前进!

似乎并不是靠视力或气味来列队的。

眼睛完全派不上用场

头部

这里 这里

眼点（左右各5个）

络绎不绝

总之继续!

应该是依靠触觉，循着丝来列队的。

我们一边吐丝一边行进。

列队出发!

松异舟蛾⑥　突发奇想的实验

排在队列最前头领队的那只幼虫，一边疑惑着该往哪里走，一边缓慢地前行。

好吧，我们姑且将这只走在最前面的幼虫称为"领队"。"领队"的责任可是非常重大的。

跟在领队后面的幼虫则非常轻松，它们只需以领队吐出的丝线为路标，不声不响地跟在后面就行。

队伍的长短会因队列中幼虫数量而异，既有可能是由300只幼虫组成的长达12米的队伍，也有可能是仅由2只或3只毛毛虫组成的不超过10厘米的队伍。

我再来做个小实验吧。

首先，我将幼虫的"领队"抓走。但队伍的行进方式并没有发生任何改变。唯一不同的，就是原本走在第二位的幼虫瞬间取代了"领队"的位置。

接着，我把幼虫脚边的丝线剔除后，新的领队继续吐出新丝，小心翼翼地一步一步慢慢朝巢穴前进。

如果把这个队伍中的第一只幼虫和最后一只幼虫连在一起，幼虫的队伍会发生什么变化呢？它们会一直绕圈圈吗？

我想用镊子把队伍最后面的细丝夹起来，轻轻地放到队伍的最前面。

可没料想，丝线实在太细，用镊子一夹就断了。紧紧粘在丝线上的幼虫也因为振动，"啪嗒"一声掉落在了地上，实验进展并不顺利。

在这期间，幼虫们偶然走到了一条绕圈的道路上。那是一个中间栽着椰子树，盆口周长差不多有1.35米的花盆。幼虫爬上了花盆，当爬到盆缘部分时，便开始沿着盆缘爬行。

当最前头的领队毛毛虫和最后一只毛毛虫首尾相接时，我决定不再让其他的毛毛虫加入这个队伍。

快看，出现了多么有趣的画面！这队幼虫就围着花盆的盆缘，一声不响地绕啊绕，永无止境。

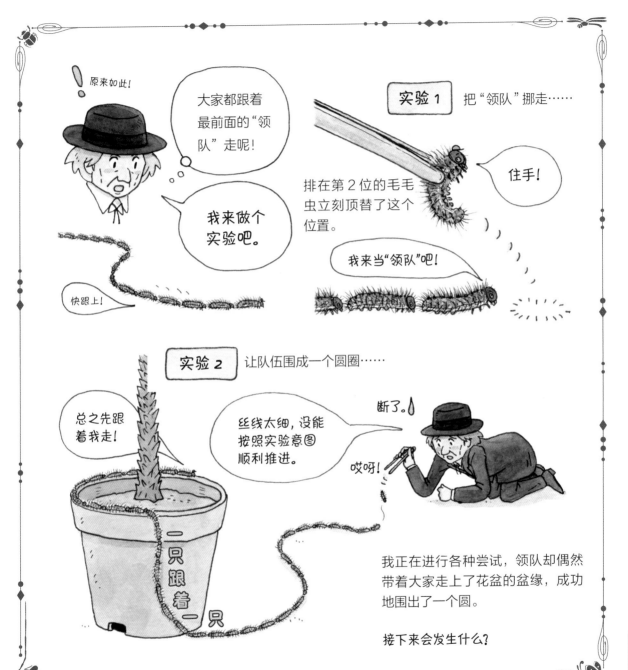

松异舟蛾⑦ **被施了魔法的队伍**

沿着花盆的盆缘绕了一圈又一圈的幼虫，会一直保持这样的队形走下去吗？如果走累了，会不会觉得受不了，在原地停下来休息呢？

起初我想："它们绕一两个小时后，一定会发现自己搞错了，就会从花盆边缘爬下来的。"

可再仔细想想，现在的队伍走成了一个圆圈，所以并没有所谓的"领队"。大家都是队员，只是跟着前面一只幼虫吐出来的丝线前进而已。

这么一来，它们就像是钟表上的指针一样，每只幼虫既不会思考，也不会进行判断，所以一直保持现状。

其他巢里的幼虫，都和平时一样，在固定的时间外出吃松针，吃完后回到巢里休息、睡觉。

但是这队幼虫就像被施了魔法而不停跳舞的人一样，永远不会停止行进。

照理，幼虫们应该会感到饥饿，身体也已经疲累无比了。但除了行进速度有些变慢，它们还是迟缓地继续绕着圈。

10个小时过去了。

已经是晚上10点了。这队幼虫不像是在严寒中行路，只是在原地动了动尾部而已。

这种情况持续了3天，在一个降霜的寒夜，幼虫的队伍终于分成了两拨。它们聚集在花盆的盆缘处一动不动，像是在抵御严寒。

如果这个时候行动起来，就会产生两个新领队，这样一定能找到新的出路，让大家摆脱不停绕圈的厄运吧。

没想到，第二天它们还是连在了一起，排成了原先的队形。

又要开始无休止地行进了。

幼虫的队伍竟然持续走了3天，然后分成两拨，但后来又连在了一起，继续绕圈。

松异舟蛾

行进队伍的结局

那么，大家觉得沿着花盆边缘不停绕圈的幼虫，最后会有什么样的结局呢？因为一个意外，队伍的行进突然中断了。

那几天，幼虫一直在缓慢地行进。有时会为了抵御严寒抱团取一会儿暖，然后就又重新排成一队，继续绕圈。这样的行为每天都在不断重复。就算偶尔有一只幼虫掉进花盆里，也会马上归队。

然而，就在实验开始后的第8天，一只幼虫在狭窄的花盆盆缘处和另外一只幼虫叠在一起，被挤下了花盆。它为大家开辟出了一条新路。

后面的幼虫都想当然地跟在了它的身后。因为它们什么都不会想，只是循着前面幼虫吐出的丝线前进而已。

那天傍晚，它们终于回到了巢穴。

它们已经离巢很长时间，一直都在花盆盆缘上绕圈子。仔细算来，已经整整7天了。在这么寒冷的季节，这么多天没有吃过一点儿东西，竟然还能存活下来，真是令人佩服。

我试着计算了一下幼虫行走所花的时间和走过的距离。假设一天走12个小时，7天就是84个小时，那么走过的距离约为453米。对于这么小的幼虫而言，真是非常了不得。

而且花盆的盆缘周长约为1.35米，所以这队毛毛虫围着花盆绕了有335圈。

如果是人类，应该很快就会发现不对劲儿，马上从花盆上下来。而松异舟蛾的幼虫不会用自己的头脑思考，才会变成这样。

不过话说回来，如果每一只幼虫都有独立思考判断的能力，也不可能在巢穴里老实安分地过集体生活了吧。

再说，自然界中很少有像花盆盆沿那样的圆形物体，所以昆虫不会落入这样的陷阱。这队松异舟蛾的幼虫会这么辛苦，只是因为我做了恶作剧实验而已。

到了第8天，终于有一只幼虫被挤出来，
从圆形队伍中掉队了。

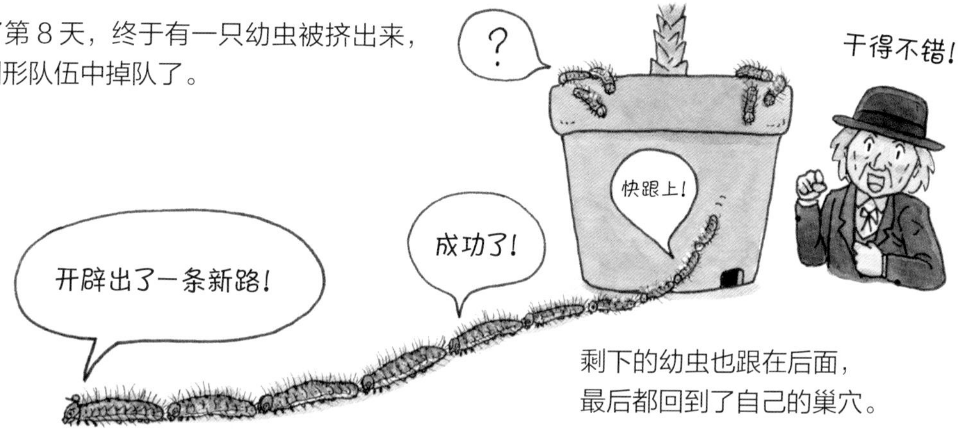

？

干得不错！

快跟上！

开辟出了一条新路！

成功了！

剩下的幼虫也跟在后面，
最后都回到了自己的巢穴。

可喜可贺！

真不愧是
法布尔老师！

我试着计算了一下，幼虫在
整整7天内，绕着花盆转了
约 335 圈。

绕
啊
绕

绕
啊
绕

昆虫不会独立思考，
难道是为了安分守
己过集体生活吗？

？

昆虫果然是
难以捉摸啊。

松异舟蛾

入口处写着
"L'oustal del félibre di tavan（昆虫诗人寓所）"。

法布尔故居位于法国南部阿韦龙省的小村庄圣莱昂。1823 年 12 月 21 日，法布尔在这里出生，并度过了美好的童年时光。

法布尔故居是一栋用石头砌成的小房子。

故居前的法布尔铜像

现在，故居和对面的建筑物都成了法布尔博物馆。

故居内的陈设（暖炉等）

汤勺和碗碟等

锅和锅铲等

故居内的陈设（餐桌等）

冬天睡觉前，法布尔会用烧炭火的暖炉把被窝烤热。

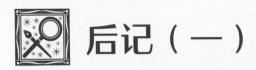

后记（一）

奥本大三郎

我第一次读到法布尔的《昆虫记》，是在小学四年级的时候。当时我正生着病，终日躺在床上休养。

我从小就喜欢昆虫和其他动物，抓过很多，也养过不少。我曾养过一只狗和几只猫，最多的时候有七只猫。除此之外，我还养过很多种鸟，如绣眼鸟、黄莺、山雀、蜡嘴鸟、金丝雀等。

我家附近有一大片水田，每到夏天，我都能在水田上空看见来回飞行的碧伟蜓。大蜻蜓在它的领地来回飞行的目的，在于向别的昆虫宣告自己的势力范围。

当时我还是小学生，多想自己能抓住一只碧伟蜓啊。于是，我在学校前面的文具店里买了儿童专用的捕虫网，等待着下手的时机。可大蜻蜓却睁着一对大眼睛看着我，好像在嘲笑我说："哼，就凭你也想抓住我？"但说实话，我确实很少抓住蜻蜓。

如此酷爱动物的我，却因为生病无法下床。父母很担心，就给我买了不少书解闷。其中，就有一本日本诗人中西悟堂改写的通俗版《昆虫记》。读过以后，我对书中滚粪球的圣甲虫、能麻醉猎物的节腹泥蜂十分着迷。时至今日，我仍然觉得昆虫很有趣。

2017 年 6 月

后记（二）

山下浩平

经常有读者问我："怎样才能把画画好？"每当此时，我都会回答他们说："我首先会仔细地观察，再认真地描画。"

我从小就非常喜欢画画。当时都画了些什么呢？有身边的昆虫、其他各类动物（包括恐龙）交通工具，还有漫画人物……凡是我喜欢的东西，都成了我笔下的主角。我喜欢和朋友们一起玩耍，也享受自己一个人作画的时光。当我把注意力全部集中到画画上的时候，就会把其他所有的事情抛诸脑后，完全沉浸于画面中，这让我非常惬意。虽然作品是我自己完成的，但因为有了分享，我还交到了一些志同道合、一起画漫画的朋友。

大家可以先从自己喜欢的事物画起，如果觉得画得不好，就仔细观察后再继续画，这样你就有新的发现了。

法布尔坚持观察自己钟爱的昆虫，写成了伟大的著作《昆虫记》。书中写到了他观察昆虫的种种细节。我也认为，仔细观察、认真思考，才是学习的关键所在。

长大成人后，我依然每天坐在书桌前，画自己喜欢的事物。但和小时候不同的是，现在多了欣赏我作品的你们。对我而言，这既是我最开心的事情，也是支撑我继续画下去的理由。

最后，除了为本书撰文的奥本老师，我还要向原田编辑及为了每周的连载辛苦工作的朝日学生报社的水野编辑，表达我最真挚的感谢！

2017 年 6 月

[日] 奥本大三郎　文

作家、法语翻译家。NPO 日本亨利·法布尔学会理事长。1944 年惊蛰日（3 月 6 日）出生于大阪。毕业于东京大学文学部法文系。埼玉大学名誉教授。作品《昆虫宇宙志》（青土社）获读卖文学奖，《有趣的热带》（集英社）获三得利学艺奖。另有《从昆虫开始的文明论》（集英社国际）、《昆虫的所在》（新潮社）、《巴黎的骗术师》（集英社）、《奥山副教授的番茄大学太平记》（幻戏书房）等多部著作。用长达 30 年的时间翻译了法布尔的巨著《昆虫记》，全译本 20 卷于 2017 年由集英社出版。

[日] 山下浩平　绘

平面设计师、绘本作家。1971 年出生，毕业于大阪艺术大学美术系。主要绘本作品有《青蛙与蝼蛄》（福音馆书店）、《香蕉老师》（童心社）和与得田之久合作的《寻找迷路的恐龙！》（偕成社）等。网页设计作品《SOS 地球环境南极企鹅救援队》荣获 NHK 日本奖，庭园玩具《KINDER ANIMAL》（FROEBEL 馆）获得儿童设计奖。mountain mountain 设计公司创始人。日本法布尔学会会员、日本平面设计协会会员。

图书在版编目（CIP）数据

法布尔老师的昆虫教室 . 2, 有趣的昆虫实验 /（日）
奥本大三郎文 ;（日）山下浩平绘 ; 程俐译. -- 成都 :
四川美术出版社, 2024.6
    ISBN 978-7-5740-1041-3

Ⅰ . ①法… Ⅱ . ①奥… ②山… ③程… Ⅲ . ①昆虫—
少儿读物 Ⅳ . ① Q96-49

中国国家版本馆 CIP 数据核字 (2024) 第 085945 号

FABRE SENSEI NO KONCHU KYOUSHITSU 2
Text & Photo Copyright ©2017 Daisaburo Okumoto
Illustrations,Design & Photo Copyright © 2017 Kohei Yamashita
All rights reserved.
Originally published in Japan in 2017 by POPLAR Publishing Co., Ltd. Tokyo
Simplified Chinese translation rights arranged with POPLAR Publishing Co., Ltd.
through Bardon-Chinese Media Agency, Taipei
本书简体中文版权归属于银杏树下（北京）图书有限责任公司

著作权合同登记号 图进字 21-2024-006
审图号: GS(2021)1532 号

法布尔老师的昆虫教室 2: 有趣的昆虫实验
FABUER LAOSHI DE KUNCHONG JIAOSHI 2 : YOUQU DE KUNCHONG SHIYAN

[日] 奥本大三郎 文   [日] 山下浩平 绘
程   俐 译

选题策划	北京浪花朵朵文化传播有限公司	出版统筹	吴兴元
编辑统筹	冉华蓉	责任编辑	杨 东
特约编辑	阿敏 左宁	责任校对	陈 玲
营销推广	ONEBOOK	责任印制	黎 伟
装帧制造	墨白空间·唐志永		
出版发行	四川美术出版社		

（ 成都市锦江区工业园区三色路 238 号 邮编: 610023 ）

开 本	889 毫米 ×1280 毫米 1/24	印 张	7⅓
字 数	140 千	图 幅	100 幅
印 刷	北京盛通印刷股份有限公司		
版 次	2024 年 6 月第 1 版	印 次	2024 年 6 月第 1 次印刷
书 号	978-7-5740-1041-3	定 价	228.00 元（全 3 册）

读者服务: reader@hinabook.com 188-1142-1266
投稿服务: onebook@hinabook.com 133-6631-2326
直销服务: buy@hinabook.com 133-6657-3072
官方微博: @浪花朵朵童书

北京浪花朵朵文化传播有限公司 版权所有，侵权必究
投诉信箱: editor@hinabook.com fawu@hinabook.com
未经许可，不得以任何方式复制或者抄袭本书部分或全部内容
本书若有印装质量问题，请与本公司联系调换，电话 010-64072833

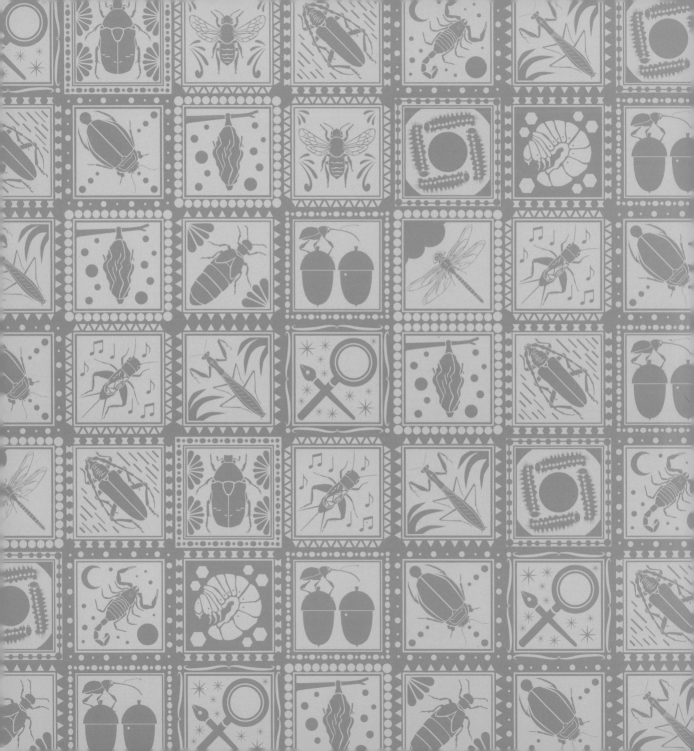